[日] 枝顺 著
韩馨宇 何恒婷 译

150道低卡营养蔬菜汤

野菜たっぷり具だくさんの主役スープ150

中国轻工业出版社

说到“汤”，脑海中第一个浮现的，
果然还是从小吃到大的味噌汤。
我想起了小时候帮家人处理小鱼内脏来做味噌汤的情景。

对于年幼的我来说，那是一件相当麻烦的事。
如今，我已长大成人，
品味到自己做的汤的美味时，
才体会到那时下一番功夫的重要性。
现在当我品尝到小鱼干味噌汤，
对过去的怀念之情便油然而生。

在我 20 多岁的时候，
曾在一家汤店工作过 6 年，
在那，一年之中有一半以上的时间都在熬汤、品汤。

在樱花盛开的春天，
尝一碗满满的、刚从冬日苏醒的时令蔬菜做成的汤；
在烈日炎炎的夏天，
喝一口清淡鲜美的汤来解暑；
在即将入冬、空气清新的秋天，
品一盅放满山珍的汤；
在寒气袭人的冬天，
啜一口热乎的汤，温暖从心底荡漾开来。

日复一日，我丝毫不会感到厌烦，
现在也一样，随着季节的更替和蔬菜种类的不同，
我所煲的汤味道也会发生变化。
我也一直沉醉在汤的美味之中。

本书以“150 道低卡营养蔬菜汤”为书名，
希望汤可以成为大家餐桌上的主角。

书中涵盖了西式风味、日式风味、异域风味、中式风味、韩式风味，
以及浓汤和水果汤等多种多样的汤，
共介绍了 150 种汤的做法。

食材丰富，口感上乘，
肉和鱼的分量十足，营养满分！
每当我喝汤的时候，
心中总洋溢着幸福的感觉，
大家肯定也会有这样的瞬间。

本书中，给我们带来幸福感的汤将陆续登场。
不要想得太难，放轻松，
做出一道称心如意的汤吧！

枝顺

目　录

第一章　西式汤品

第二章　日式汤

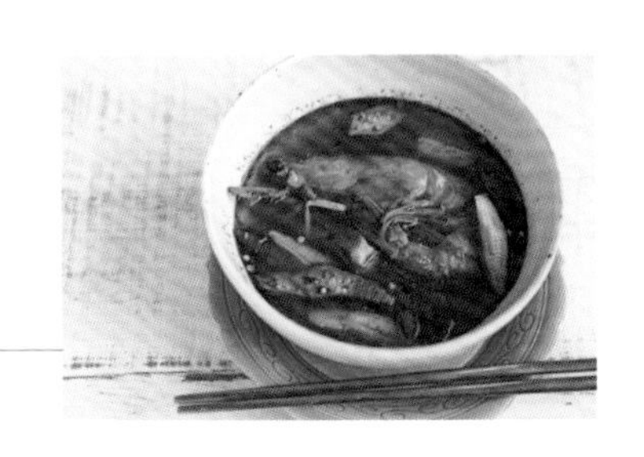

第三章 异域风味汤

第四章　中式、韩式风味汤

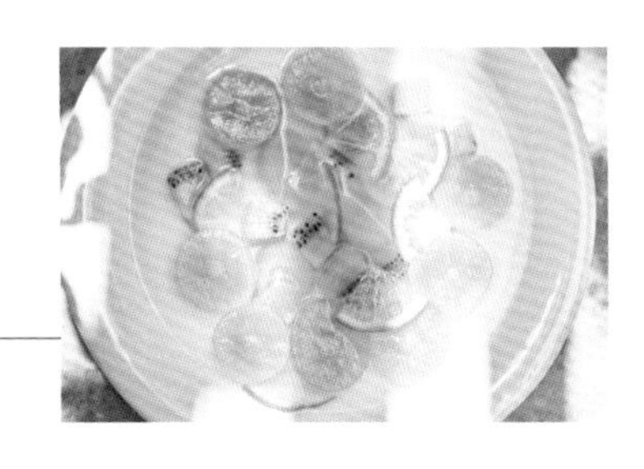

第五章　浓汤与水果汤

关于本书

关于用量的标注

- 1茶匙为5mL，1汤匙为15mL。
- 少量调味品的用量标注为“少许”。约为用食指和拇指捏起一小撮的量。
- “适量”就是刚刚好的分量，请按个人喜好酌情添减。

关于调味品、食材

- 本书中所用到的黄油为无盐黄油。
- 本书中所用到的橄榄油为特级初榨橄榄油。
- 关于调味品的种类，在没有特别指定的情况下，酱为调和酱，酱油为老抽，白砂糖为优质白砂糖。
- 蔬菜类，在没有特别说明的情况下，一般是进行清洗、削皮等工序后开始烹制。

关于使用的烹饪器具

- 本书用到了微波炉。由于微波炉种类和厂家的不同，温度及加热时间可能会有所变化，请以书中标记的时间为大致基准，酌情调整。
- 微波炉的加热时间以额定功率600W为基准。如果家中的微波炉额定功率为500W，请将时间调整为约定时间的1.2倍。
- 本书中用到的平底锅内表面涂层是用氟化乙烯树脂。

关于食品保存

- 根据冰箱的性能和保存环境的不同，食品保存的状态也会有所不同。保存时长只作参考，请尽快食用。

关于热量

- 本书中所标注的热量，是以总热量除以用餐人数，作为一人份的基准值。

做出美味汤羹的要领

抓住每种食材的特点，一起做出美味的汤吧！
仅需片刻，就能让汤的口感好上加好。

炒至蔬菜表面微焦

在各类蔬菜当中，尤其是根菜类蔬菜和香味浓郁的蔬菜，一定要将其放入倒有油的锅中仔细翻炒。炒至表面微焦可以激发出蔬菜的香味，也可以使汤的口感更佳。

炖煮蔬菜时，应小火慢炖

如果火力过大，蔬菜容易煮碎，汤的口感也会因此变差。所以炖煮蔬菜时应谨遵“小火慢炖”的原则。经过小火慢炖后的蔬菜能够与汤更好融合。

叶菜类蔬菜只需稍微煮一下就会变得非常美味

若叶菜类蔬菜煮的时间过长就会变得软蔫，汤也会因此变苦，所以快速地在水中煮一下即可。可生吃的蔬菜可做装饰配菜使用，也可拌沙拉食用。

提升满足感的几种食材切法

切丁

切成小丁既保留了食材的口感又便于食用，还可以同时品尝到各种蔬菜的味道。在切丁时要注意将所有食材切成大小一致的丁（适用于P82 根菜鲣鱼干意式菜丝汤等做汤的食材）。

不规则切

切成适口大小的不规则切法，优点是切面较大，更易入味，且不易煮碎。推荐在想要享用丰富食材时使用这种切法（适用于P60 鸡肉冬瓜咸汤等汤的食材）。

切成大块

将叶菜类蔬菜切成三四厘米见方的适口大小能够很好地保留口感（适用于P151 水蒸鸡豆苗咸味葱花汤）。

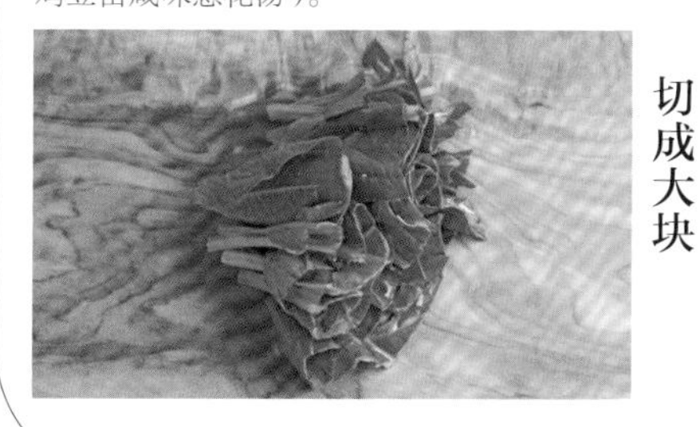

切成厚片

将主要食材大量切成厚片，既提升了食材的存在感，同时也很美观。让我们用刀将它切开，一起享受“吃汤”的乐趣吧（适用于P122 小茴香土豆咖喱浓汤等做汤的食材）。

鱼、肉、蔬菜……配菜丰富，色彩绚丽，这里有各色美味汤品。
奶油汤、番茄汤……种类繁多的各式汤品，日常享用、宴请宾客皆可。
建议您配上香脆的法棍或面包，细细品味。

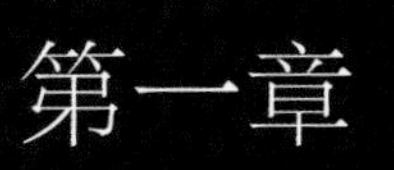

第一章

西式汤品

意式海鲜汤

食材（二三人份）

鲷鱼（或其他白肉鱼）…1条

蛤蜊…200g

圣女果…8个

大蒜…2瓣（约12g）

柠檬…1个

凤尾鱼肉…4条

白葡萄酒…200mL

水…400mL

盐、黑胡椒碎…各1/4茶匙

橄榄油…2汤匙

做法

① 将鲷鱼处理干净，用水充分洗净，抹上盐（分量外）腌渍约20分钟后，沥干水分。

② 蛤蜊放在托盘上，注入没过蛤蜊的盐水（500mL水、15g盐）。盖上报纸等静置约3小时，让蛤蜊将泥沙吐尽，用水（分量外）将其充分洗净。

③ 圣女果去蒂。大蒜切碎。柠檬切成2mm厚的圆片。

④ 汤锅中倒入橄榄油，将腌渍鲷鱼两面用中火煎至上色。转小火，放入蒜末、凤尾鱼肉，用木铲等煸炒入味。

⑤ 加入蛤蜊、白葡萄酒，煮沸后转小火。加入水，加盖煮10分钟左右。中途不时地用勺子撇去表面的浮沫。

⑥ 倒入圣女果、柠檬，再煮5分钟左右，最后加入盐和黑胡椒碎调味即可。

意式冷汤

食材（1人份）

意式海鲜汤…200mL

冷饭…50g

罗勒叶（干燥）…适量

做法

从意式海鲜汤中捞出鲷鱼肉，将鱼肉弄散。取出蛤蜊肉。将鱼肉、蛤蜊肉和意式海鲜汤倒入碗中，盖上保鲜膜，放入冰箱冷藏约2小时。和冷饭拌匀后装盘，最后撒上罗勒叶即可。

这款汤品海鲜味十足。是款可以吃的汤，用来宴请宾客或是聚会都再适合不过。可以直接用煎锅制作，不用装盘，盛在锅里直接上桌即可。

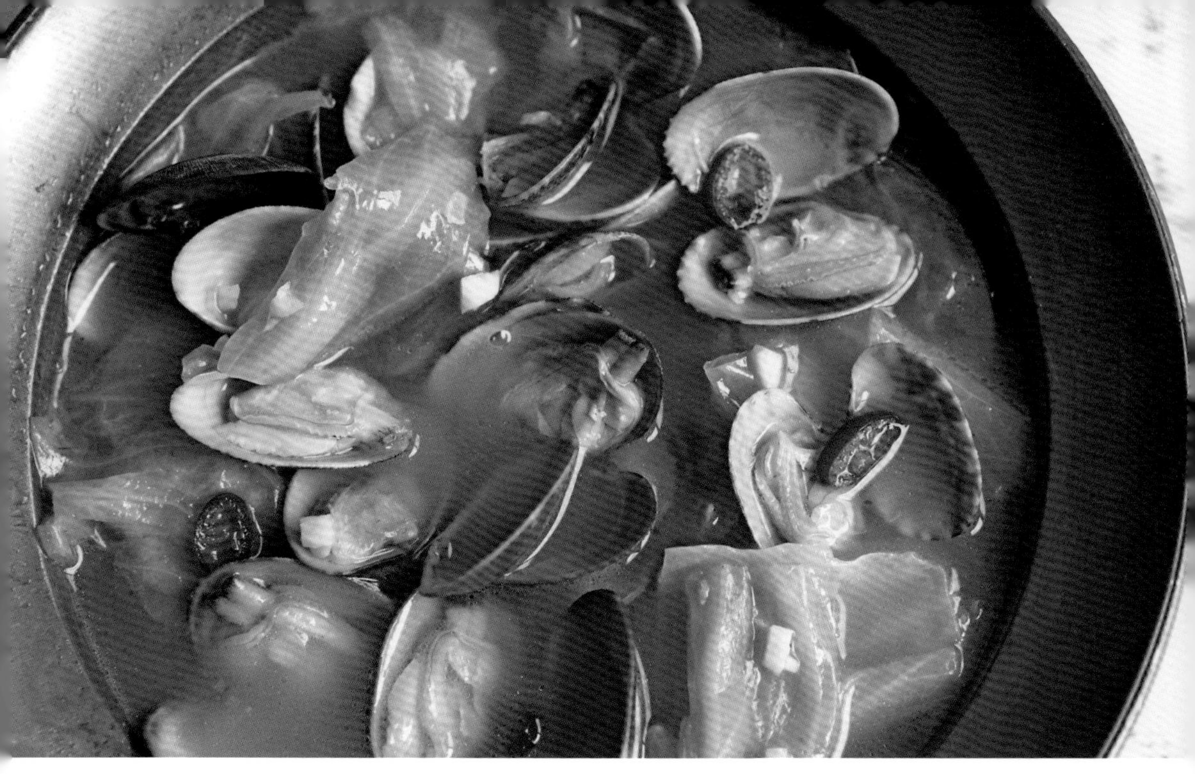

意式蒜香辣油蛤蜊汤

食材（二三人份）

蛤蜊…300g
圆白菜…2片（约100g）
红辣椒…2个
大蒜…2瓣（约12g）
生姜…1片（约6g）
鸡汤（见P99）…400mL
白葡萄酒…100mL
盐、黑胡椒碎…各少许
橄榄油…2汤匙

做法

① 蛤蜊放在托盘上，注入没过蛤蜊的盐水（500mL水、15g盐）。盖上报纸等静置约3小时，让蛤蜊将泥沙吐尽，用水（分量外）将其充分洗净。

② 圆白菜切成4cm宽的块。红辣椒去子，切成辣椒圈。大蒜和生姜分别切碎。

③ 汤锅中倒入橄榄油，小火煸炒红辣椒圈、蒜末和姜末。炒出香气后，倒入蛤蜊、圆白菜，中火翻炒约1分钟。倒入白葡萄酒，加盖煮5分钟左右。

④ 待蛤蜊煮开口后，倒入鸡汤，煮开后撒入盐和黑胡椒碎调味即可。

用白葡萄酒来焖煮蛤蜊，可以让蛤蜊更加鲜美，同时还有去除海鲜腥味的作用。

蛤蜊奶油浓汤

人均热量摄入量
397
kcal

食材（二三人份）

蛤蜊…300g

Ⓐ
- 培根（块状）…50g
- 土豆…2个（约200g）
- 洋葱…1/4个（约50g）
- 洋芹…1/2根（约50g）

蔬菜汤（见参照P100）…500mL

白葡萄酒…100mL

生奶油…100mL

盐…1/4茶匙

白胡椒粉…少许

全麦粉…1汤匙

黄油…20g

做法

① 蛤蜊放在托盘上，注入没过蛤蜊的盐水（500mL水、15g盐）。盖上报纸等静置约3小时，让蛤蜊将泥沙吐尽，用水（分量外）将其充分洗净。

② 将A中的食材分别切成5mm见方的小丁。

③ 煎锅中倒入蛤蜊、白葡萄酒，中火煮5分钟左右，待蛤蜊开口后，盛出蛤蜊肉和汤汁，扔去蛤蜊壳。

④ 汤锅中放入黄油，中火翻炒A。炒至培根表面着色、蔬菜变软后，倒入蔬菜汤，加盖，煮10分钟左右。

⑤ 倒入蛤蜊肉和汤汁、生奶油，小火煮3分钟左右，加入盐和白胡椒粉调味。最后用茶漏等将全麦粉缓缓过筛入锅内勾芡即可。

蛤蜊可用蛤蜊肉或蛤蜊罐头代替。从带壳的新鲜蛤蜊上直接取肉入汤，虽然工序略微复杂，却能使汤汁更加鲜美。

牡蛎奶油浓汤

食材（二三人份）

牡蛎（牡蛎肉）…250g

Ⓐ
- 土豆…1个（约100g）
- 洋葱…1/4个（约50g）
- 洋芹…1/2根（约50g）
- 胡萝卜…1/3根（50g）

蔬菜汤（参照P100）…200mL

白葡萄酒…50mL

牛奶…300mL

生奶油…50mL

蚝油…2茶匙

盐…1/4茶匙

黑胡椒碎…少许

小茴香（叶）…适量

黄油…20g

做法

① 碗中放入牡蛎和1茶匙盐（分量外），用手轻轻搓揉牡蛎，用流水洗净。用厨房用纸轻轻擦拭牡蛎表面。汤锅中放入牡蛎、白葡萄酒，煮沸后关火，捞出牡蛎，盛出汤汁备用。

② 将A中的食材分别切成1cm见方的小丁，放入倒有黄油的汤锅中用中火翻炒七八分钟。待蔬菜变软和后，倒入蔬菜汤，小火煮10分钟左右。

③ 倒入牛奶，加热至热气升腾时，倒入生奶油、步骤①中的牡蛎和汤汁，小火煮1分钟左右。最后加入蚝油和盐调味，装盘。再撒上黑胡椒碎，点缀小茴香叶即可。

牡蛎奶油意面

食材（1人份）

牡蛎奶油浓汤…300mL

意大利面（干燥）…80g

帕尔玛干酪粉…2茶匙

黑胡椒碎…适量

做法

① 汤锅中倒入牡蛎奶油浓汤，小火加热。

② 意大利面按照食物说明书规定的时间煮约1分钟，捞出后放在笊篱上沥干水分。

③ 将意大利面倒入锅中，加热约1分钟，加入帕尔玛干酪粉。加入黑胡椒碎调味后装盘即可。

如果牡蛎煮的时间过长，肉质容易变硬，所以在汤汁沸腾后应即可停火。牡蛎中含有牛磺酸，经常食用具有提高肝脏机能的功效。

明太子奶油浓汤

食材（二三人份）

明太子…1条（约80g）

土豆…2个（约200g）

西蓝花…1/2棵（80g）

小葱…2根

蔬菜汤（见P100）…300mL

牛奶…200mL

生奶油…50mL

蘸面汤汁（3倍浓缩）…1汤匙

黑胡椒碎…少许

黄油…10g

做法

① 明太子去除表面筋膜取出鱼子。土豆去皮，切成4等份，浸泡在水中备用。西蓝花分成小朵。小葱切成葱花。

② 汤锅中放入黄油，中火翻炒土豆。炒至微微上色后，倒入蔬菜汤、西蓝花，小火煮5分钟左右。

③ 倒入牛奶，小火加热（无需煮沸），倒入生奶油、蘸面汤汁，再加入黑胡椒碎调味。

④ 加热片刻后，倒入步骤①中的明太子，搅散、拌匀后即刻停火。将汤汁装盘，点缀上葱花即可。

明太子奶油浓汤烩饭

食材（1人份）

明太子奶油浓汤…200mL

热米饭…50g

比萨用奶酪（可融化）…10g

盐、黑胡椒碎…各少许

做法

① 汤锅中倒入明太子奶油浓汤、热米饭、比萨用奶酪，小火煮3~5分钟，将米饭和汤汁煮至充分融合。中途加盐调味。

② 倒入盘中，最后撒上黑胡椒碎即可。

这道汤品的一大特色就是既可以品尝到大块蔬菜，又可以感受到明太子粒粒分明的口感。明太子如果煮得过熟口感会变差，所以明太子搅散、拌匀后需立刻停火。

扇贝蚕豆奶油浓汤

人均热量摄入量 177 kcal

食材（二三人份）

扇贝罐头（水煮）…1罐（约120g）

蚕豆（冷冻）…50g

白菜…2片（约140g）

Ⓐ 干贝…2个 水…200mL

牛奶…300mL

鸡汤底料（颗粒）…2茶匙

盐、白胡椒碎…各少许

橄榄油…2茶匙

做法

① 蚕豆回温至常温。白菜切成3cm长的段。将A倒入碗中，使干贝肉泡发，搅散干贝肉。泡发干贝的水留着备用。

② 汤锅中倒入橄榄油，中火炒白菜段。炒至变软后，将整个扇贝罐头（含汤汁）倒入锅中，再加入蚕豆、干贝肉、泡发干贝的水，煮10分钟左右。

③ 倒入牛奶、鸡汤底料，转小火。最后加盐和白胡椒调味即可。

干贝味道鲜美，将干贝肉搅散后入汤可使整个汤弥漫着干贝的鲜味。

加利西亚章鱼土豆番茄汤

人均热量摄入量
156
kcal

食材（二三人份）

章鱼（煮熟）…150g
土豆…1个（约100g）
黑橄榄（无核）…6个
洋芹…1/2根（约50g）
大蒜、生姜…各1片（约6g）
凤尾鱼肉…2条
番茄罐头（小块装）…1/2罐（约200mL）
蔬菜汤（见P100）…400mL
盐…1/4茶匙
黑胡椒碎…少许
橄榄油…1汤匙

做法

① 章鱼切成适口大小。土豆切成1½cm见方的小丁。黑橄榄纵向对切成两半。洋芹斜切成2mm宽的段。洋葱、大蒜、生姜、凤尾鱼肉分别切碎。

② 汤锅内倒入橄榄油，小火煸炒蒜末、姜末、凤尾鱼碎，待炒出香气后，倒入洋芹，转中火继续翻炒。

③ 待洋芹变软后，倒入番茄罐头、蔬菜汤、土豆丁，加盖，小火煮10分钟左右。

④ 加入章鱼块和黑橄榄，再煮3分钟左右，最后加盐和黑胡椒碎调味即可。

*此汤可冷冻保存一两周。

凤尾鱼肉是由日本鳀发酵制成，只需稍稍加一些便可让整道汤口感得到提升。

肉丸酸奶油炖汤

食材（二三人份）

猪、牛肉混合肉馅…100g

洋葱…1/4个（50g）

Ⓐ
- 鸡蛋液…1/2个鸡蛋的量
- 面包糠…1汤匙
- 牛奶…1汤匙
- 盐、黑胡椒碎…各少许

蔬菜汤（见P100）…300mL

全麦粉…2汤匙

牛高汤…1/2罐（200mL）

番茄酱…1汤匙

红葡萄酒…2汤匙

生奶油…50mL

酸奶油…50g

橄榄油…1汤匙

意大利香芹…适量

做法

① 洋葱切碎。碗中倒入猪、牛肉混合肉馅、洋葱碎、A，搅拌出黏液。揉成一口大的肉丸，表面薄薄地撒上一层全麦粉。

② 起锅倒入橄榄油，放入肉丸，不时地翻动肉丸，用中火将两面煎至上色。

③ 汤锅中倒入蔬菜汤、牛高汤、番茄酱，中火加热至将要沸腾时转小火，加入煎肉丸、红葡萄酒，加盖煮10分钟左右。

④ 加入生奶油、酸奶油（留少许酸奶油装盘时用），拌匀。

⑤ 将汤汁装盘，点缀上剩余的酸奶油和意大利香芹即可。

肉丸先煎后煮，这样不容易散形。而且煎炸后的肉丸肉味更加香醇。最后出场的酸奶油给汤品增加浓厚的酸味，让人喝一口便忘不了。

鸡肉洋芹柠檬胡椒汤

人均热量摄入量
139
kcal

食材（二三人份）

鸡腿肉…1/2块（约130g）
生菜…4片（约80g）
洋芹…1/2根（约50g）
鸡汤（见P99）…500mL
白葡萄酒…1汤匙
柠檬汁…1½汤匙
盐…1/2茶匙
黑胡椒碎…1/2茶匙
橄榄油…2茶匙
柠檬（1/8个）…适量

做法

① 鸡腿肉切成1½cm见方的小丁。生菜切成4cm宽的段。洋芹斜切成5mm宽的段。

② 起锅倒入橄榄油，中火翻炒鸡肉丁，加入盐和1/4茶匙黑胡椒碎调味，将鸡肉丁炒至两面上色。

③ 倒入鸡汤和白葡萄酒，将要沸腾时转小火，加入洋芹段、柠檬汁。不时地舀出浮沫。

④ 加入生菜段，快速焯烫约1分钟。将汤汁装盘，加入剩下的黑胡椒碎调味，再点缀上柠檬片即可。

最后快速焯烫一下生菜，可以保持其叶片脆爽的口感。

鸡肉菜花柠檬奶油浓汤

食材（二三人份）

鸡腿肉…1/2块（约130g）
菜花…1/3个（140g）
洋葱…1/4个（50g）
洋芹…1/2根（50g）
大蒜、生姜…各1片（6g）
鸡汤（见P99）…300mL
牛奶…300mL
柠檬汁…1汤匙
盐…1/4茶匙
黑胡椒碎…少许
橄榄油…2茶匙
柠檬片（2mm厚）…二三片

做法

① 将鸡腿肉切成适口大小。菜花掰成小块。洋葱、洋芹、大蒜、生姜分别切碎。

② 起锅倒入橄榄油，小火煸炒蒜末和姜末，待炒出香气后，加入洋葱末和洋芹末，小火翻炒8~10分钟，将蔬菜炒软。

③ 倒入鸡肉，转中火，待鸡肉炒至表面上色后，加入菜花、鸡汤，加盖煮约10分钟。不时地撇去浮沫。

④ 缓缓倒入牛奶，小火加热，加入盐和黑胡椒碎调味，再加入柠檬汁。

⑤ 将汤汁装盘，再点缀上柠檬片即可。

菜花和柠檬一样，都含有维生素 C，经常食用具有提高免疫力和美容的功效。

鸡肉菌菇番茄炖汤

食材（二三人份）

鸡腿肉…1块（250g）
口蘑…4个
丛生口蘑…1/2包（约50g）
洋葱…1/4个（约50g）
大蒜…1瓣（约6g）
Ⓐ 盐、黑胡椒碎
…各1/4茶匙
全麦粉…1汤匙
蔬菜汤（见P100）…400mL
番茄酱…200mL
生奶油…100mL
黄油…20g
Ⓑ 盐、黑胡椒碎…各少许
意大利香芹…适量
橄榄油…2茶匙

做法

① 鸡腿肉切成适口大小，抹上A腌渍10分钟，再裹上一层薄薄的全麦粉。

② 将口蘑表面擦干净，纵向切成两半。丛生口蘑去柄，切成小朵。洋葱和大蒜分别切碎。

③ 起锅倒入橄榄油，倒入鸡腿肉块，炒至两面上色后出锅。倒入洋葱末和蒜末，中火炒至软和。

④ 倒入蔬菜汤、番茄酱、口蘑和丛生口蘑，小火煮5分钟左右。

⑤ 加入生奶油和黄油，小火加热，再倒入鸡腿肉块。加热至适宜温度后，将汤汁装盘，最后撒上B，再点缀上意大利香芹即可。

将鸡肉先腌渍入味再裹上全麦粉，这样入锅煎炸可最大程度地锁住肉汁，再炖煮成汤，汤品鲜美，肉质多汁，生奶油和黄油更是增添了汤汁的醇厚口感。

咸牛肉白菜豆浆浓汤

食材（二三人份）

咸牛肉罐头…1罐（约100g）

白菜…4片（280g）

蔬菜汤（见P100）…200mL

白葡萄酒…2汤匙

豆浆（100%无添加）…400mL

黑胡椒碎…少许

做法

① 将咸牛肉从罐头瓶中取出，捣碎。白菜切成6cm宽的段。

② 将白菜、咸牛肉放入锅中。倒入蔬菜汤、白葡萄酒，加盖，小火煮约10分钟。

③ 淋上豆浆，加热（无需煮沸）至表面热气升腾时，关火，撒上黑胡椒碎。

咸牛肉豆浆粥

食材（1人份）

咸牛肉白菜豆浆浓汤（配菜只留咸牛肉）…200mL

热米饭…50g

酱油…1茶匙

做法

汤锅中倒入浓汤汁、咸牛肉和热米饭。小火加热至米饭融入汤中。最后加酱油调味，装盘即可。

牛肉罐头的咸味与豆浆的清爽可以互补。将咸牛肉和白菜叠放后放入锅中炖，可以使牛肉的美味渗入白菜中。

咸猪肉芸豆香草汤

食材（二三人份）

猪里脊肉块…300g

白芸豆（水煮）…200g

圆白菜…2片（约100g）

大蒜…1瓣（6g）

蔬菜汤（见P100）…600mL

白砂糖…2茶匙

黑胡椒碎…1茶匙

盐焗粉…2汤匙

白葡萄酒…2汤匙

迷迭香…2支

月桂叶…2片

做法

① 制作咸猪肉。猪里脊肉块切成3cm厚的大片，抹上白砂糖和黑胡椒碎腌渍。将盐焗粉和迷迭香拌匀后抹在猪肉片上，放入带封口的保鲜袋中腌渍一晚。

② 白芸豆控干汤汁。圆白菜切成4cm宽的块。大蒜用刀背压碎。

③ 汤锅中倒入蔬菜汤、咸猪肉（腌渍的汤料也一并倒入）、蒜末、白葡萄酒、月桂叶，加盖（稍稍留一些缝隙），小火煮40分钟左右。不时地撇去浮沫。

④ 加入白芸豆和圆白菜块，再煮3分钟左右即可。

*此汤可冷冻保存一两周。

猪里脊肉肉质细腻、口感嫩滑。用盐焗粉腌渍一晚后，口感会更加嫩。

猪肉舞茸凤尾鱼黄油浓汤

人均热量摄入量
242
kcal

食材（二三人份）

猪五花肉…120g
圆白菜…3片（约150g）
舞茸…1/2包（约50g）
大蒜…1瓣（6g）
凤尾鱼肉…4条
蔬菜汤（见P100）…500mL
柠檬汁…1汤匙
盐、黑胡椒碎…少许
黄油…10g
橄榄油…2茶匙

做法

① 猪五花肉切成4cm宽的片。圆白菜切成3cm宽的段。舞茸去柄，掰成小朵。大蒜和凤尾鱼肉分别切碎。

② 起锅倒入橄榄油，小火翻炒蒜末和凤尾鱼肉。待炒出香气后，倒入圆白菜和舞茸，快速翻炒约1分钟，倒入蔬菜汤，中火加热。

③ 将要沸腾前关小火，将猪五花肉逐片入锅。不时地撇去浮沫。加入柠檬汁、盐调味后装盘，最后放上黄油、撒入黑胡椒碎即可。

舞茸富含 β - 葡聚糖，经常食用具有预防癌症、降压、降胆固醇的功效。

猪肉圆白菜蒜香黄油浓汤

人均热量摄入量 186 kcal

食材（二三人份）

猪五花肉…100g

圆白菜…2片（100g）

大蒜…1瓣（6g）

蔬菜汤（见P100）…400mL

白葡萄酒…2汤匙

盐…1/4茶匙

黑胡椒碎…1/4茶匙

黄油…10g

做法

① 将猪五花肉和圆白菜分别切成4cm宽的片。大蒜纵向切成两半，去芽，切成薄片。

② 依次将圆白菜片、猪五花肉片、蒜片放入汤锅中，加入白葡萄酒和盐，开小火，加盖煮5分钟左右后，倒入蔬菜汤，中火加热。

③ 将要沸腾前转小火，撒上黑胡椒碎。不时地撇去浮沫。

④ 将汤汁倒入盘中，再放上黄油即可。

依次将圆白菜片、猪肉片、蒜片放入汤锅中煮，可以将圆白菜中的水分及甘甜煮出来。

照烧鸡肉奶油浓汤

人均热量摄入量 468 kcal

食材（二三人份）

鸡腿肉…1块（250g）
培根（块状）…50g
口蘑…4个
洋葱…1/4个（约50g）
大蒜…1瓣（6g）
Ⓐ 蜂蜜、酱油…各2汤匙
Ⓐ 白葡萄酒…1汤匙
鸡汤（见P99）…400mL
盐…1/4茶匙
生奶油…50mL
白葡萄酒…3汤匙
黄油…20g
橄榄油…2茶匙

做法

① 用研磨器将大蒜磨成泥。A拌匀备用。用叉子等在鸡腿肉表面戳一些小孔，抹上盐、大蒜和A，放入带封口的保鲜袋中，冰箱冷藏腌渍2小时以上（腌渍一晚上，味道会更好）。

② 培根切成5mm见方的小丁。口蘑和洋葱分别切成2mm厚的薄片。

③ 起锅放入黄油，中火炒洋葱片。炒至变软和后，加入培根丁，炒至表面上色。再加入口蘑片快速翻炒约1分钟。

④ 加入白葡萄酒，大火加热使酒精挥发，加入鸡汤，转中火。再加入生奶油，小火煮3分钟。

⑤ 起锅倒入橄榄油，将腌鸡肉皮朝下放入锅中，炒至两面焦黄。出锅，切成适口的大小。装盘，倒入步骤④的汤汁即可。

在鸡肉表面先抹上盐和大蒜，再用 A 的酱汁腌渍，这样更容易入味。

汉堡肉饼椰奶浓汤

食材（二三人份）

猪、牛肉混合肉馅…200g

洋葱…1/2个（约100g）

Ⓐ
- 鸡蛋液…1/2个鸡蛋的量
- 面包糠…3汤匙
- 肉豆蔻…少许
- 盐…1/4茶匙
- 黑胡椒碎…少许

Ⓑ
- 椰奶…1罐（400mL）
- 清汤底料（颗粒）…2茶匙

黄油…10g

橄榄油…2茶匙

荷兰芹碎…适量

做法

① 将洋葱切碎。B拌匀备用。起锅放入10g黄油，化开后，倒入洋葱丁，中火炒至变软。出锅放在托盘上，冷却至接近体温。

② 碗中放入猪、牛肉混合肉馅，洋葱碎，A中的鸡蛋液、面包糠和肉豆蔻，搅拌呈黏稠状。加入A中的盐和黑胡椒碎调味，将肉馅分成3等份。将肉馅团成肉饼状。

③ 在平底锅内倒入橄榄油，中火煎至肉饼双面上色。

④ 将黄油放入锅中化开，放入B，用小火加热。略微变稠后加入肉饼，小火煮5分钟左右。关火，撒上荷兰芹碎装饰即可。

绿咖喱炖汉堡肉饼

食材（1人份）

汉堡肉椰奶浓汤…200mL

汉堡肉饼…1块

绿咖喱酱…1茶匙

香菜…适量

做法

① 汉堡肉椰奶浓汤放入锅中加热，加入绿咖喱酱拌匀。放入汉堡肉饼煮片刻。

② 盛入容器中，放上香菜即可。

香醇浓厚的椰奶与汉堡肉汁非常搭配！在汉堡肉上浇浓汤，口感上乘。余下的浓汤也可与米饭、面包或是意大利面搭配食用。

茄子培根法式炖菜汤

食材（二三人份）

茄子…1根

培根（块状）…80g

西葫芦…1/2根

红椒…1/2个

大蒜…1瓣（6g）

蔬菜汤（见P100）…200mL

番茄罐头（切块、去子）…1罐（400mL）

味噌…1汤匙

盐、黑胡椒碎…各少许

橄榄油…1汤匙

做法

① 茄子去蒂，切成滚刀块。培根切成5mm见方的小丁。西葫芦、红椒切成滚刀块。大蒜切碎。

② 起锅倒入橄榄油，小火煸炒蒜末。待炒出香气后，倒入茄子块、培根丁、西葫芦块、红椒块，中火翻炒至培根表面上色后，倒入蔬菜汤。加盖小火煮5分钟，再倒入番茄罐头，继续煮大约5分钟。

③ 倒入味噌，撒上盐和黑胡椒碎即可。

*此汤可冷冻保存一两周。

法式炖菜番茄咖喱饭

食材（1人份）

茄子培根法式炖菜汤…600mL

咖喱…2块

热米饭…适量

做法

① 锅中倒入汤汁，小火加热，放入咖喱块搅拌至融化。

② 碗中盛入米饭，再浇上步骤①中的汤汁即可。

食材切成稍大块，吃起来食趣大增。茄子、西葫芦烹煮时间越长越易入味，即使变得软烂，也丝毫不影响其口感。

鸡肉西葫芦香醋汤

人均热量摄入量
253
kcal

食材（二三人份）

鸡腿肉…1块（250g）
西葫芦…1个
洋葱…1/2个（100g）
圣女果…4个
秋葵…2根
鸡汤（见P99）…500mL
Ⓐ
意大利香醋…2汤匙
酱油…2茶匙
蔗糖…2茶匙
盐…1/4茶匙
橄榄油…2茶匙

做法

① 鸡腿肉切成1cm见方的小丁。西葫芦切成1cm厚的圆片。洋葱切成1cm厚的片。圣女果去蒂。秋葵表面抹上少许盐（分量外），搓去绒毛后用水洗净，再斜切成块。

② 起锅倒入橄榄油，中火翻炒鸡腿肉丁，炒至表面泛白后，倒入西葫芦片、洋葱片、盐，炒至洋葱变软。

③ 倒入鸡汤，煮8分钟左右，再倒入圣女果、秋葵块，拌入A调味，小火炖熟即可。

西葫芦适合用油炒，这样可以提高人体对叶红素的吸收率，经常食用有预防感冒、提高机体免疫力的功效。

绿色蔬菜杂粮汤

人均热量摄入量
99
kcal

食材（二三人份）

圆白菜…1片（约50g）
洋葱…1/4个（约50g）
豆角…2根
西蓝花…1/2个（约80g）
大蒜…1瓣（6g）
鸡汤（见P99）…500mL
杂粮（16种谷物）…30g
青汁（粉末）…2茶匙
盐…1/3茶匙
黑胡椒碎…少许
橄榄油…2茶匙

做法

① 圆白菜和洋葱分别切成5mm见方的小丁。豆角斜切成5mm宽的段。西蓝花掰成小块后切成适口的大小。大蒜切碎。将杂粮和鸡汤倒入碗中，腌渍约30分钟，备用。

② 起锅倒入橄榄油，小火翻炒蒜末。炒出香气后，加入洋葱、盐，炒至洋葱炒变软后，加入圆白菜丁、西蓝花、杂粮（一并倒入腌渍的汤汁），小火煮15分钟左右。不时地舀出浮沫。

③ 加入豆角段，倒入青汁拌匀，加入黑胡椒碎调味即可。

谷物的种类可进行更换。作料青汁的运用可以凸显出圆白菜等蔬菜清香。

STAUB

圆白菜番茄咖喱汤

食材（二三人份）

圆白菜…3片（约150g）
洋葱…1/2个（约100g）
土豆…1个（约100g）
大蒜…1瓣（约6g）
生姜…1片（约6g）
鸡汤（见P99）…400mL
小茴香…1茶匙
番茄罐头（切块、去籽）…1/2罐（200mL）

Ⓐ
- 鱼露…2茶匙
- 三味香辛料…1茶匙
- 咖喱粉…1汤匙
- 盐…1/4茶匙
- 白胡椒粉…少许

橄榄油…2茶匙
黄油…10g
帕尔玛干酪粉…适量

做法

① 圆白菜切成4cm长的粗丝。洋葱切成2mm厚的薄片。土豆切成1cm见方的小丁，浸在水中备用。大蒜和生姜分别切碎。

② 起锅倒入橄榄油，小火煸炒蒜末、姜末、小茴香。香气四溢后，倒入洋葱片，中火翻炒3分钟左右。再倒入圆白菜丝、土豆丁，炒至圆白菜表面略微焦黄。

③ 倒入番茄罐头，中火加热约3分钟，再倒入鸡汤，将要沸腾前转小火，加入A调味，继续煮5分钟左右。

④ 加入黄油，待黄油化开后，撒上帕尔玛干酪粉即可。

三味香辛料是印度料理中常用的混合香料，加入这一味作料的汤汁立刻变身为地道的印度风味。黄油和奶酪的加入，又使得这一咖喱款汤汁摇身一变成为味道醇厚的西式汤品。

热那亚鸡肉末玉米笋汤

食材（二三人份）

鸡肉末…100g

玉米笋…4根

豆角…4根

芹菜…1/2根（50g）

鸡汤（见P99）…500mL

葡萄酒（白葡萄酒或其他）…2汤匙

热那亚酱（参照下文）…2汤匙

盐、黑胡椒碎…各少许

做法

① 玉米笋、豆角、芹菜分别斜切成5mm宽的段。

② 汤锅中倒入鸡肉末、鸡汤、葡萄酒，中火加热，将要沸腾前转小火，用筷子将鸡肉搅散。随时舀去浮沫。

③ 倒入步骤①中的蔬菜段，煮5分钟左右，再加入热那亚酱，拌匀，最后撒入盐和黑胡椒碎调味即可。

热那亚酱

食材

罗勒叶…20片

大蒜…1/2瓣（3g）

凤尾鱼肉…1条

松仁…10g

帕尔玛干酪粉…10g

橄榄油…50g

黄油…5g

盐…少许

做法

将所有食材用搅拌机或手动搅拌器搅拌至丝滑即可。

*可冷藏约5日，冷冻约1个月。

这道汤中，热那亚酱中罗勒叶的醇厚与溶入汤中的鸡肉末非常相配。搭配像玉米笋和芹菜这种煮过后口感仍然很脆的蔬菜再合适不过。

洋葱番茄汤

人均热量摄入量
151
kcal

食材（二三人份）

洋葱…2个（约400g）

胡萝卜…1/3根（约50g）

芹菜…1/2根（约50g）

蔬菜汤（参照P100）…400mL

番茄罐头（切块、去子）…1/2罐（200mL）

盐…1/4茶匙

白砂糖…2茶匙

黄油…10g

盐、黑胡椒碎…各少许

橄榄油…1汤匙

番茄（切成1½cm厚的圆圈）…二三片

做法

① 将洋葱、胡萝卜、芹菜切成末。

② 锅中倒入橄榄油，将步骤①中的食材倒入锅中，用中小火翻炒20分钟左右。加入1/4茶匙盐、白砂糖后再炒10分钟左右，直至洋葱呈深棕色。

③ 将蔬菜汤、番茄罐头放入锅中煮，在汤沸腾前调至小火，再加入黄油使其融化。

④ 将煮好的汤倒入容器中，再放上切成番茄片，撒上盐和黑胡椒碎即可。

*可冷冻保存二三周

把洋葱、芹菜、胡萝卜一起翻炒出甜味是法餐常用的烹饪方法。

西班牙风味蒜蓉汤

人均热量摄入量 185 kcal

食材（二三人份）

洋葱…1个（200g）

红辣椒…1/2个

蒜…2瓣（12g）

番茄罐头（切块、去子）…1/2罐（200mL）

Ⓐ

- 鱼露…2茶匙
- 红辣椒粉…1茶匙
- 盐…1/4茶匙
- 白胡椒粉…少许

橄榄油…1汤匙

温泉蛋（参照P56）…二三个

做法

① 将洋葱切成末，红辣椒切成5mm见方的丁，蒜切末。

② 锅中倒入橄榄油，倒入蒜末进行翻炒。炒出蒜香后，调至中火，放入洋葱和红辣椒，翻炒七八分钟左右，注意不要炒焦。

③ 倒入鸡汤、番茄罐头，用中火加热，在汤沸腾时改小火，加入A 调味。

④ 将汤倒入容器中，放上温泉蛋即可。

*可冷冻保存二三周

汤的甜度会随着炒辣椒的时长而增加。将洋葱切成碎末能使整道汤更入味。

圆白菜卷炖汤

人均热量摄入量
287
kcal

食材（二三人份）

猪肉末…150g
培根…50g
洋葱…1/2个（约100g）
圆白菜…4片（约200g）
蛋液…1/2个鸡蛋的量
Ⓐ 牛奶…2汤匙
面包用小麦粉…2汤匙
盐、黑胡椒碎…各少许
蔬菜汤（参照P100）…400mL
桂皮…1片
盐、黑胡椒碎…各适量
黄油…10g

做法

① 培根、洋葱切丁。用足量的汤将圆白菜焯二三分钟后捞出放到竹板上，切去菜心。

② 将黄油放入平底锅中化开，再放入洋葱，用中火炒至变软后放入盘中冷却。

③ 将猪肉末、培根丁、蛋液、炒洋葱丁、A放入一个大盘子中，搅拌至有黏性后分成4等份。将一片圆白菜叶放到砧板上铺开，将冷却后的食材放到叶子正中心，用菜叶的下半部分包住食材，再用左边的叶子往里折卷到最后，最后用右边的叶子包起整个菜卷。

④ 将卷好的部分朝下放入锅中。挨个排好，加入蔬菜汤、桂皮后盖上锅盖，用小火煮20分钟左右。中途用汤勺将汤汁浇到圆白菜上。最后撒上盐和黑胡椒碎调味即可。

将猪肉末和培根这两种肉混合在一起，会变得味浓且多汁。

香肠热蔬菜芥末汤

人均热量摄入量
160
kcal

食材（二三人份）

维也纳香肠…4根

胡萝卜…1/2根（75g）

黄豆（水煮）…50g

蔬菜汤（参照P100页）…500mL

芥末粉…2茶匙

盐、黑胡椒碎…各少许

茴香叶…适量

橄榄油…2茶匙

做法

① 将胡萝卜斜切成4mm厚的片。黄豆除去多余水分。

② 向锅中倒入橄榄油，煎维也纳香肠和胡萝卜片。待胡萝卜表面稍呈棕色后，倒入蔬菜汤。在汤沸腾前转小火，倒入黄豆。盖上锅盖，煮8分钟左右。

③ 加入芥末粉并使其溶化，加入盐和黑胡椒碎调味。将汤倒入容器中，加入茴香叶，按喜好添加芥末粒即可。

芥末粉独特的味道是这道汤的一大特色。

法式蔬菜牛肉汤

食材（二三人份）

维也纳香肠…4根
培根…100g
马铃薯…1个（约100g）
洋葱…1/2个（约100g）
芜菁…2个（80g）
芹菜（茎和叶）…1/2根
蔬菜汤（参照P100）…600mL
桂皮…2片
白葡萄酒…50mL
盐…1/3茶匙
黑胡椒碎…1/4茶匙
橄榄油…2茶匙

做法

① 将维也纳香肠从中间竖切划开。培根切成1½cm见方的小块。马铃薯、洋葱、芜菁分别竖切成4等份。马铃薯在使用之前用水泡在碗中。将芹菜茎切成5mm宽的片。

② 锅中倒入橄榄油，将培根块倒入锅中，用中火烹炒。待培根变为棕色后，将马铃薯、洋葱、芜菁、芹菜（茎和叶）、白葡萄酒倒入锅中待其煮开。将蔬菜汤、桂皮放入锅中，盖上锅盖，用小火煮20分钟左右。

③ 煮开后，放入维也纳香肠、盐、黑胡椒碎，再煮10分钟左右后，除去芹菜叶即可。

芝麻碎味噌蛋黄酱沙拉

食材（1人份）

法式蔬菜牛肉汤（选用自己喜欢的食材）…150g
Ⓐ 白芝麻碎…2汤匙
Ⓐ 蛋黄酱…1汤匙
Ⓐ 酱…1茶匙
Ⓐ 酱油…1茶匙
小葱…适量

做法

① 将汤中的食材和A倒入碗中搅拌均匀。

② 将小葱切成葱花。

③ 将步骤①的混合物倒入容器中，撒上葱花即可。

像法式蔬菜牛肉汤这种味道清淡的汤，加入芹菜叶一起煮会香味四溢，口感更加美味。当你想要再多吃一道菜时，这道沙拉是不错的选择。

凤莲草奶酪意式黑胡椒面浓汤

食材（二三人份）

凤莲草…1把（约50g）
洋葱…1/2个（约100g）
培根…80g
Ⓐ 牛奶…400mL
　低筋面粉…1汤匙
生奶油…50mL
比萨用奶酪…70g
白色高汤…1汤匙
盐…1/4茶匙
黑胡椒碎…1/3茶匙
橄榄油…2茶匙
温泉蛋（参照P56）…二三个

做法

① 将凤莲草切成3cm长的段。洋葱切成2mm厚的薄片。培根切成宽5mm的片。A中的食材在碗中拌匀。

② 向锅中倒入橄榄油，将洋葱片、培根片用中火炒熟。炒至呈棕色后，放入凤莲草，再炒1分钟。

③ 加入拌匀后的A，调至小火，将汤稍微勾芡一下后加入生奶油、比萨用奶酪。搅拌使奶酪融化，加入白色高汤、盐、黑胡椒碎调味。

④ 将汤倒入容器中，最后放上温泉蛋即可。

黑胡椒奶酪意面

食材（1人份）

凤莲草奶酪意式黑胡椒面浓汤…300mL
意大利面（干面）…80g
盐、黑胡椒碎…各少许

做法

① 比规定时间早一分钟将意大利面捞出，沥干水分。

② 将汤倒入锅中加热，然后放入沥干水分后的意大利面煮一分钟，使面与汤混合。

③ 将做好的面和汤倒入容器中，撒上盐和黑胡椒碎即可。

用日本料理的白色高汤来给奶油类料理调味时，能很好的保证其原有的颜色，不会使菜的颜色变化。推荐牛奶和白色高汤的组合，能够很好地平衡料理的醇香和美味。

卡门培尔奶酪洋葱汤

食材（二三人份）

洋葱…2个（400g）

卡门培尔奶酪…100g

蔬菜汤（参照P100）…400mL

盐…1/4茶匙

白砂糖…2茶匙

红葡萄酒…2汤匙

黑胡椒碎…少许

法棍…1段（约6cm长）

黄油…30g

做法

① 将洋葱切成2mm厚片。卡门培尔奶酪切成适口大小。法棍切成2cm长的小段。

② 锅中放入黄油和洋葱片，用中小火炒20分钟左右。加入盐、白砂糖，再炒10分钟左右，直至洋葱呈深棕色，注意不要炒焦（如果炒焦，加入2汤匙水）。倒入红葡萄酒，转大火使酒中的酒精蒸发，再加入蔬菜汤，用中火加热。

③ 将法棍放入一个耐热的容器中，再将步骤②的混合物倒入容器中，放入卡门培尔奶酪碎后，整个放入微波炉中加热10分钟，设定温度为220℃。热好后撒上黑胡椒碎即可。

在炒洋葱的过程中加入红葡萄酒能够增加味道。也可用烤箱来代替微波炉。

洋葱奶油浓汤

人均热量摄入量
339
kcal

食材（二三人份）

洋葱…2个（400g）

鸡汤（参照P99）…300mL

盐…1/4茶匙

白砂糖…2茶匙

生奶油…100mL

酱油…1茶匙

比萨用奶酪…适量

法棍…约4cm长

黄油…30g

做法

① 将洋葱切成1mm厚的片。法棍切成2cm长的段。

② 锅中放入黄油，将洋葱片用中小火烹炒20分钟左右后，放入盐、白砂糖，再炒10分钟直至洋葱呈深棕色，注意不要炒焦。

③ 向锅中加入鸡汤，调至中火，在汤沸腾前转中火，再加入生奶油和酱油调味拌匀。

④ 倒入容器中，加入法棍、撒上比萨用奶酪。

*没有放生奶油、法棍、奶酪的话，可以冷冻保存1个月。

在洋葱变成淡黄色时加入白砂糖，能够缩短料理的制作时长。

专栏1

让汤变美味的 10 个配菜

花很少的食材和工夫就能简单做成的装饰配菜，试着使用这样的配菜，让汤变得更加美味吧！

多汁的培根是制作浓汤时必不可少的食材。

1 烤干的培根

食材与做法

将 3 片培根切成 5 ~ 10mm 宽的大片。将培根放在一个耐高温的盘子中并盖上纸巾，放入调至 600W 挡的微波炉中加热 1 分钟。将培根翻面，再放入微波炉中加热 1 分钟。

*可冷藏保存一两周

2 脆洋葱

带点甜味的洋葱是制作奶油类料理时的必备食材

食材与做法

将 1/2 个洋葱（100g）切成 2mm 厚的薄片，用纸巾吸去水分后撒上一汤匙高筋面粉。向平底锅中加入 2cm 深的油，加热到 160℃后，放入洋葱，炸三四分钟后，沥干油分。

*置于阴凉干燥处可保存三四天。

3

脆生姜

食材与做法

将 5 片生姜（30g）切成末。向平底锅中加入 2cm 深的油，加热到 160℃后，放入生姜，炸三四分钟后，沥干油分。

*置于阴凉干燥处可保存三四天。

嘎嘣脆的美味，与日式汤羹是绝配

黄油奶酪面包糠

食材与做法

将 10g 黄油放入平底锅中化开，加入 15g 面包糠，小火烹炒。待面包糠略呈黄褐色后，关火，加入 2 茶匙意大利干酪粉搅匀。

*可冷藏保存二三天

拌豆芽菜

食材与做法

汤煮沸后，将 1/2 捆豆芽菜（100g）放入汤中焯 30 秒左右后捞出，放在竹板上沥干水分。然后将 1 汤匙白芝麻碎、2 茶匙香油、3g 蒜泥、盐和黑芝麻各少许搅拌，再加入豆芽菜搅拌均匀。

能很好品味食材口感的配菜，满满地放入韩式风味汤

6 温泉蛋

食材与做法（2 个）

将 2 个温泉蛋冷却至常温。向锅中倒入 1L 左右的汤，加热至沸腾后关火，再加 200mL 的水。然后将蛋黄蛋轻轻地放入汤中，盖上盖子，加热 15 分钟后取出。

香滑的半熟蛋黄让汤的醇香散发出来

日式和韩式风味汤相配的香脆口感

7 葱盐烧

食材与做法

将 50g 葱白从中间划开，切成末，放入水中浸泡 2 分钟左右后捞出，沥干水分。加入 2 茶匙香油、盐和黑胡椒碎各少许，搅拌均匀。

*可冷藏保存二三天。

色鲜味浓，富于变化

8 种绿色作料

食材与做法

将紫苏叶和小葱分别切成末。鸭儿芹和香菜分别切成2cm长的小段。

焦糖色法棍的香味勾起食欲

9 油煎碎法棍片

食材与做法

法棍切片，摆好放入烤面包器，烤至表面呈焦糖色。散去余热后切碎成适口大小。

烤杏仁的酥脆口感极具特色

10 烤杏仁

食材与做法

将杏仁放入平底锅中小火烹炒，待香味散出后取出压碎。

第二章

日式汤

本章要介绍的汤，是日式高汤与经充分炖煮过的食材完美融合。“美味”十足，与白米饭是绝配。

鸡肉冬瓜咸汤

食材（二三人份）

鸡肉末…100g

冬瓜…150g

豌豆…60g

生姜…2片

鸡汤（参照P99）…适量

清酒…1汤匙

盐…1/4茶匙

黑胡椒碎…少许

香油…2茶匙

水淀粉（水：淀粉=1：1）…适量

做法

① 冬瓜去皮，切成适口大小。生姜切末。

② 向锅中倒入香油，小火翻炒姜末。炒出香味后放入鸡肉末，用木铲等炒至肉末变干。

③ 向锅中加入鸡汤、清酒、冬瓜块，汤烧开前调至小火，放入豌豆。将锅盖稍微打开一点缝，煮10分钟左右，待出现浮沫后捞出。

④ 将冬瓜煮至变软后，加入盐、黑胡椒碎调味。最后将水淀粉分数次缓慢地倒入锅中勾芡即可。

豆腐鸡肉浇汁汤

食材（1人份）

鸡肉冬瓜咸汤…100mL

绢豆腐…1块（300g）

干鲣鱼片…2g

调味醋…2茶匙

做法

① 锅中加入汤和切成小块的绢豆腐，用小火烹制。

② 倒入容器中，再加入干鲣鱼片，浇上调味醋即可。

炖煮到软烂的冬瓜是易于食用且对胃有益处的食材，与豌豆搭配，更是能做出美味的料理。使用了大量生姜，能够让身体暖和起来。

猪肉末芥菜香辣汤

食材（二三人份）

猪肉末…120g

腌芥菜末…50g

红辣椒…1个

生姜…2片（12g）

小葱…2根

鸡汤（参照P99）…500mL

清酒…2汤匙

酱油…1茶匙

盐、黑胡椒碎…各少许

海带丝…适量

香油…2茶匙

做法

① 红辣椒去子、切成圈。生姜切成末，小葱切碎。

② 向锅中倒入香油，小火炒红辣椒和生姜。炒出香味后，加入猪肉末和腌芥菜末，改成中火。用锅铲等将猪肉末翻炒成颗粒状。

③ 向锅中倒入鸡汤和清酒，即将沸腾前调至小火，放入酱油、盐、黑胡椒碎调味。不时地撇去浮沫。

④ 将做好的汤倒入容器中，加入葱末，再放上海带丝即可。

明太子汤辣味饭团

食材（1人份）

猪肉末芥菜香辣汤…100mL

热米饭…100g

明太子…适量

做法

① 制作明太子饭团。将米饭捏成三角形，上面放上明太子。

② 将饭团放入容器中，浇上热汤即可。

海带丝中还有谷氨酸，能够很好地溶解在汤中，与食材完美结合，使料理更美味。香脆的芥菜与辣椒的辛辣口感为本菜的一大特色。

鸡肉根菜酱油黄油汤

人均热量摄入量
168
kcal

食材（二三人份）

鸡腿肉…100g

洋葱…1/4个（约50g）

胡萝卜…1/2个（约100g）

白萝卜…1/3根（约50g）

日式高汤（参照P101）…600mL

清酒…2汤匙

酱油…1汤匙

盐、黑胡椒碎…各少许

黄油…10g

香油…2茶匙

做法

① 将鸡腿肉去皮，切成适口大小。洋葱切成2cm见方的丁。胡萝卜去皮，切成1cm厚的片。白萝卜去皮，切成滚刀块。

② 锅中倒入香油，放入洋葱丁，用中火炒。待洋葱变软后，依次加入鸡肉、胡萝卜、白萝卜。

③ 炒至鸡肉呈棕色后，加入日式高汤、清酒，在沸腾前调至小火。撇去浮沫。盖上锅盖，煮10分钟左右后，加入酱油、盐、黑胡椒碎调味即可。

④ 倒入容器中，加入黄油即可。

胡萝卜加热后，一部分淀粉会转化成糖，可增加甜味。另外，胡萝卜含有丰富的膳食纤维，可增强这道料理的饱腹感。

水菜鸡胸肉调味汤

人均热量摄入量 97 kcal

食材（二三人份）

鸡胸肉…2块（约200g）
黄瓜…1/4根（约25g）
白萝卜…50g
萝卜苗…适量
水菜…适量
盐、白砂糖…各1/4茶匙
水…500mL
清酒…2汤匙
橙汁…2汤匙
黑胡椒碎…少许

做法

① 用叉子在鸡胸肉表面扎几个小孔，撒上盐和白砂糖，揉匀、充分入味后，放进保存袋中，密封后，放入冰箱冷藏20分钟以上。

② 将水菜切成3cm长的段，黄瓜切片，白萝卜捣成泥。将萝卜苗切成3cm长的段。

③ 锅中倒入水，放入鸡胸肉，倒入清酒，中火加热。沸腾后再加热3分钟后关火，盖上锅盖闷片刻。

④ 将鸡胸肉从锅中取出，用手撕成适口大小后再放回锅中，调至中火，放入水菜段和黄瓜片，再煮1分钟。加入橙汁和黑胡椒碎调味。

⑤ 倒入容器中，撒上萝卜泥和萝卜苗即可。

由于萝卜泥加热后会变甜，所以一定要溶于汤中。另外注意控制火候，若火候过大，鸡胸肉会变硬。

猪肉菌菇梅肉汤

人均热量摄入量
194
kcal

食材（二三人份）

猪五花肉…100g
荷兰豆荚…6个
梅干…1个
Ⓐ 香菇…2个
Ⓐ 口蘑…1/2个（50g）
Ⓐ 杏鲍菇…1个（50g）
日式高汤（参照P101）…500mL
清酒…2汤匙
酱油…2茶匙
水淀粉（水：淀粉=1：1）…适量
蛋液…1个鸡蛋的量

做法

① 将猪五花肉切成片，荷兰豆荚去蒂，撕去丝。梅干去子，切成细丝。

② 香菇去柄，切成2mm厚的片。口蘑去柄，用手撕成小块。杏鲍菇切成3mm厚的片。将菌菇类（A）一起放入碗中备用。

③ 锅中倒入日式高汤、清酒，中火加热，快沸腾前调成小火。将A、猪肉片逐片放入锅中，煮5分钟左右。撇去浮沫。

④ 向锅中加入酱油，慢慢地沿锅边倒入水淀粉，勾好芡后转中火，沸腾后，沿锅边缓缓倒入蛋液，关火。加入荷兰豆荚，利用余热将其闷熟。

⑤ 将做好的汤倒入容器中，加上梅肉丝即可。

梅肉的盐分含量会也有所差异，可根据个人喜好调整使用量。

鸡肉小鱼干花椒汤

人均热量摄入量
127
kcal

食材（二三人份）

鸡肉末…100g

水菜…1/2个（约25g）

豆芽…1/2把（约100g）

生姜…2片

小鱼干…2汤匙

咸海带…1汤匙

日式高汤（参照P101）…500mL

清酒…50mL

酱油…2茶匙

花椒碎…1/2茶匙

香油…2茶匙

做法

① 将水菜切成3cm长的段（留少许作配菜用）。用剪刀将咸海带剪成适口大小。生姜切末。

② 锅中倒入香油，加入姜末用小火炒。炒出香味后调成中火，放入鸡肉末将继续翻炒。

③ 倒入清酒，煮1分钟左右，撇去浮沫后倒入日式高汤。快沸腾前转小火，加入豆芽、水菜段和咸海带，再煮1分钟左右，加入酱油、花椒碎调味。

④ 将做好的汤倒入容器中，加上小鱼干和步骤①中留作配菜用的水菜即可。

足量的咸海带能够增加汤的咸味，使其更加美味。作配菜用的水菜可当作沙拉一样食用，在此特别推荐。

竹荚鱼芝麻碎冷汤

食材（二三人份）

竹荚鱼（干）…2条（约160g）

茄子…1个（约80g）

黄瓜…1/2根（约50g）

绢豆腐…1/2块（约150g）

生姜…1片

野姜…1根

紫苏叶…3片

日式高汤（参照P101）…400mL

酱…1汤匙

盐…1/4茶匙

白芝麻碎…2汤匙

炒白芝麻…2茶匙

做法

① 加热烤盘，中火状态下，将鱼干带皮一面朝下放入烤盘。烤5分钟左右翻面，再烤5分钟后，除去鱼骨和鱼皮。

② 将茄子和黄瓜都切成1mm厚的片，将1/4茶匙盐撒在茄子和黄瓜上，腌10分钟左右，让水分析出。将豆腐切成1cm大小的块状。

③ 将生姜研碎，将野姜、紫苏叶切成丝。

④ 向锅中倒入日式高汤，用中火加热。沸腾前调成小火，加入酱、白芝麻碎溶于汤中。待余热消除后，将汤倒入碗中，封上保鲜膜，放入冰箱冷藏2小时左右。

⑤ 将汤从冰箱中取出倒入容器中，并将步骤①和步骤②中的食材一起倒入，轻轻搅匀。加入步骤③中的食材，撒上炒白芝麻即可。

冷汤饭

食材（1人份）

竹荚鱼芝麻碎冷汤…200mL

冷饭…150mL

炒白芝麻…适量

做法

① 将冷饭放入容器中，浇上竹荚鱼芝麻碎冷汤。

② 撒上炒白芝麻即可。

相比生竹荚鱼，竹荚鱼干氨基酸含量更加丰富，营养价值更高，溶于汤中，汤汁也会更加浓郁。与其他调料搭配，味道更佳。

人均热量摄入量

136

kcal

鲑鱼子醪糟汤

食材（二三人份）

鲑鱼…1块

芜菁…2个（约80g）

芋头…2个（约80g）

日式高汤（参照P101）…600mL

白味噌酱…1汤匙

酒糟…2汤匙

鲑鱼子（酱油腌制）…2汤匙

做法

① 将鲑鱼切成4等份。用水洗净芜菁，竖切成6等份。在芋头上撒一点盐，去除黏性后用水洗净，沥干水分，竖切成4等份。

② 向锅中倒入日式高汤，用中火加热，沸腾前调成小火。将芜菁块和芋头放入锅中，盖上锅盖煮5分钟左右。

③ 锅中放入白味噌酱并使其溶解，加入鲑鱼块，用小火煮10分钟左右，无需煮沸。

④ 倒入酒糟。将汤倒入容器中，加上鲑鱼子即可。

鲑鱼中含有二十碳五烯酸（人体必需脂肪酸）和 DHA 等，其中的营养素具有防止血液黏稠的功效。

青花鱼年糕味噌汤

食材（二三人份）

青花鱼罐头…1罐

大葱…40g

方年糕…4个

日式高汤（参照P101）…400mL

味噌酱…2汤匙

清酒…1汤匙

Ⓐ 酱油…1茶匙

Ⓐ 白砂糖…1/2茶匙

Ⓐ 白芝麻碎…1汤匙

做法

① 将方年糕放入调至1000W的烤箱中烤3分钟左右，直到两面呈焦糖色。大葱斜切成段。

② 锅中倒入味噌酱，用小火炒至呈浅焦糖色后，慢慢地向锅中加入日式高汤，与味噌酱充分融合。

③ 将烤年糕与大葱段倒入锅中，再将清酒和青花鱼罐头连汁倒入锅中，轻轻地捣碎青花鱼。最后用A调味，用小火煮5分钟左右即可。

按个人喜好可在最后加上黄油。味噌黄油的风味与年糕搭配，口感上乘。

蛤蜊海白菜豆乳汤

人均热量摄入量
125
kcal

食材（二三人份）

蛤蜊…150g
鸭儿芹…适量
千页豆腐（也可替换为绢豆腐）…100g
日式高汤（参照P101）…200mL
清酒…2汤匙
豆浆（无添加）…400mL
味噌酱…1汤匙
海白菜干…适量

做法

① 将蛤蜊的泥沙冲洗干净后，摆放在方盘中，再倒入盐水（500mL水中兑15g盐）直至没过蛤蜊。用报纸等盖上，静置3小时左右后，连壳搓洗干净。

② 鸭儿芹切成2cm长的段。

③ 将蛤蜊放入蒸锅中（提前将清酒倒入锅中），盖上锅盖，用中火蒸至蛤蜊壳张开。

④ 加入日式高汤，沸腾前调成小火，将豆腐舀成适口大小后放入锅中。将豆浆慢慢倒入锅中，待汤热后，放入味噌酱将其溶解。

⑤ 倒入容器中，加上海白菜和鸭儿芹段即可。

千页豆腐的甜味能为整道汤风味加分。豆腐融化在豆浆中曼妙的口感是这道汤的一大特色。

金枪鱼水菜日式番茄汤

食材（二三人份）

金枪鱼罐头（油浸）…1罐（约75g）
培根块…50g
水菜…1根（约50g）
墨鱼干…15g
白菜…1片（约70g）
Ⓐ 日式高汤（参照P101）…400mL
番茄罐头（切块、去子）
面条汤…2汤匙
鲣鱼干…2g
橄榄油…2茶匙

做法

① 培根切成1cm宽的长条，水菜切成3cm长的段。墨鱼干用剪刀剪成2cm宽的段。白菜切成适口大小。

② 锅中倒入橄榄油，放入培根和白菜，用中火炒。炒至培根呈焦糖色后，加入A，沸腾前调至小火。

③ 倒入金枪鱼罐头和墨鱼干，用小火煮3分钟左右，加入水菜再煮30秒左右关火。

④ 将做好的汤倒入容器中，撒上鲣鱼干即可。

将墨鱼干、培根、番茄、鲣鱼干各自的醇香与味道混合在一起后，汤的口感更佳。

秋葵山药黑醋日式汤

食材（二三人份）

秋葵…4个

山药…1段（约4cm长）

黑醋…70g

日式高汤（参照P101）…500mL

Ⓐ 酱油…2茶匙
　 黑醋…1汤匙

做法

① 将少量的盐（分量外）撒在秋葵上，再放到砧板上揉搓，待秋葵表面绒毛去掉之后，用水冲洗干净后，斜切成段。山药去皮，切成段。

② 向锅中倒入日式高汤，调中火加热。沸腾前调成小火，加入秋葵段、山药段，倒入黑醋，加入A调味。

黑醋粉丝胡辣汤

食材（1人份）

秋葵山药黑醋日式汤…200mL

粉丝…20g

黑胡椒碎…适量

做法

① 向锅中倒入秋葵山药黑醋日式汤和粉丝，用小火加热5分钟左右。

② 加入黑胡椒碎调味即可。

这是一道能够感受到高汤的美味并且十分清淡的汤。秋葵含有黏蛋白，经常食用具有保护消化器官黏膜的功能，是一种对身体十分有益处的保健食材。

芜菁培根白味噌汤

食材（二三人份）

培根…80g

芜菁…4个（约160g）

芜菁叶…适量

豆浆…400mL

清汤底料（颗粒）…1茶匙

白味噌酱…2茶匙

黑胡椒碎…少许

橄榄油…2茶匙

做法

① 培根切成1cm见方的丁。芜菁用水洗净，除去根部的土后竖切成6等份。将芜菁叶切成3cm左右宽的片。

② 锅中倒入橄榄油，放入培根丁，用中火炒。炒至培根表面呈焦糖色后，放入芜菁。当芜菁表面有少许焦糖色后，倒入豆浆，调小火。

③ 豆浆热了之后，加入清汤底料和白味噌酱，煮开后，加入芜菁叶子，再煮1分钟左右。

④ 将做好的汤倒入容器中，然后撒上黑胡椒碎即可。

芜菁豆乳日式烩饭

食材（1人份）

芜菁培根白味噌汤…200mL

热米饭…50g

比萨用奶酪…10g

香芹碎…适量

做法

① 向锅中倒入芜菁培根白味噌汤和热米饭，用小火加热直至饭与汤充分拌匀。

② 向锅中加入比萨用奶酪，并将其拌匀。最后盛入容器中，撒上香芹即可。

翻炒后的培根，脂肪融入汤中，汤的味道会更加鲜美。白味噌酱和芜菁也是完美的搭配。

柚子腐皮清汤

人均热量摄入量
27
kcal

食材（二三人份）

豆腐皮（干燥）…1片（7g）

口蘑…（50g）

凤莲草…1根（50g）

柚子…适量

日式高汤（参照P101）…600mL

酱油…2茶匙

盐…1/4～1/3茶匙

做法

① 将豆腐皮放入盛有温水的碗中，浸泡30分钟左右。切掉口蘑柄，再用手掰成小块。将凤莲草切3cm长的段。仔细清洗柚子皮表面，将柚子皮削下来，切成丝。

② 锅中倒入日式高汤，调中火，沸腾前转小火。放入豆腐皮和口蘑块，加热3分钟左右。

③ 放入凤莲草加热1分钟左右，加入酱油和盐调味。将做好的汤倒入容器中，放入柚子皮丝即可。

豆腐皮滑嫩的口感非常适合用来做汤，且能与高汤完美融合。生豆腐皮容易碎，所以建议用干燥的豆腐皮。

菌菇山药羹

人均热量摄入量
57
kcal

食材（二三人份）

Ⓐ
- 滑子菇…70g
- 香菇…2个
- 金针菇…50g
- 舞茸…50g

山药…80g
日式高汤（参照P101）…600mL
鸡汤底料（颗粒）…2茶匙
牡蛎油…2茶匙
海苔…适量

做法

① 用水将滑子菇洗净，沥去水分。香菇去柄，切成2mm厚的片。金针菇去根，切成3cm长的小段。切掉舞茸根，用手撕成适口大小。将A一同放入碗中备用。将山药捣成泥。

② 向锅中倒入日式高汤，用中火加热。沸腾前调成小火，将A倒入锅中，加热3分钟左右。

③ 加入鸡汤底料，放入牡蛎油调味。将做好的汤倒入容器中，放入山药泥，撒上海苔即可。

山药放入汤中，可以感受到其口感由黏变软的过程。请一定要品味一下。

油炸茄子干萝卜片作料汤

食材（二三人份）

茄子…1根

萝卜干（干燥）…30g

生姜…2片（12g）

野姜…1根

紫苏叶…2片

小葱…2根

日式高汤（参照P101）…500mL

色拉油…适量

做法

① 茄子去蒂，切成1cm厚的片皮。往平底锅中倒入约2cm深的色拉油，加热至180 ℃。放入茄子，用中火炸二三分钟后捞出，放入铺有纸巾的方盘中，吸干多余油分。

② 萝卜干泡发、洗净后，切成丁。生姜研碎，野姜、紫苏叶切丝，葱切碎。

③ 向锅中倒入日式高汤，沸腾前调成小火。加入萝卜干丁，加热3分钟左右后，放入炸过的茄子再加热1分钟左右。将做好的汤倒入容器中，放入姜末、野姜丝、紫苏叶丝、葱花即可。

高汤与萝卜干的完美融合，能进一步提高汤的风味。也可以冷却后食用。

烤西葫芦小青椒味噌汤

食材（二三人份）

西葫芦…1根

小绿辣椒…4根

洋葱…1/4个（50g）

日式高汤（参照P101）…400mL

盐…1/4茶匙

味噌酱…2汤匙

红辣椒(粉末)…适量

橄榄油…1汤匙

做法

① 将西葫芦皮削成斑马线状，切成1cm厚的片。用牙签等将绿辣椒表面扎几个小孔，然后放入调至1000W挡的微波炉中烤至表面呈焦糖色。洋葱切成5mm厚的薄片。

② 锅中倒入橄榄油，用小火煎西葫芦片，撒上盐。

③ 倒入日式高汤，放入小绿辣椒和洋葱片，用小火加热3分钟左右后，加入味噌酱并使其融化。

④ 将做好的汤倒入容器中，撒上红辣椒粉即可。

西葫芦去皮后，更容易吸收汤汁的鲜美，品尝时，汁汤四溢。

根菜鲣鱼干意式菜丝汤

食材（二三人份）

Ⓐ
- 培根…80g
- 白萝卜…50g
- 胡萝卜…1/2根（约75g）
- 牛蒡…1½个（30g）
- 莲藕…50g
- 洋葱…1/4个（50g）

干香菇…2个

大蒜…1片（约6g）

日式高汤（参照P101）…300mL

番茄罐头（切块、去子）…1罐（400g）

味噌酱…1汤匙

干鲣鱼片…2g

香油…1汤匙

做法

① 将A中的培根、白萝卜、胡萝卜、牛蒡、莲藕、洋葱分别切丁，大小为5mm，放入碗中备用。干香菇放入200mL水中浸泡一晚后冲洗干净，切成2mm厚的薄片，香菇水留着备用。大蒜切成末。

② 向锅中倒入香油，用小火烹炒蒜末。待香味散出后，倒入食材A，小火翻炒10分左右。

③ 倒入日式高汤、番茄罐头、香菇片和香菇水，盖上锅盖，用小火煮5分钟左右。将味噌酱溶解于汤中并与汤混合。将做好的汤倒入容器中，撒上干鲣鱼片即可。

*可冷冻保存3~4周

意大利螺旋面

食材（1人份）

根菜鲣鱼干意式菜丝汤…200mL

螺旋面（干面）…20g

橄榄油…1茶匙

帕尔玛干酪粉…适量

做法

① 将螺旋面按标注的规定时间煮熟，沥干水分，再倒入橄榄油搅拌均匀。

② 将汤加热后，倒入步骤1的食材，撒上帕尔玛干酪粉即可。

将西式汤中必不可少的浓菜汤改良为含有高汤和鲣鱼干的日式汤，你可能难以想象番茄与高汤的组合，但它们结合在一起的口感非常棒！

生姜四根汤

人均热量摄入量
80
kcal

食材（二三人份）

生姜…2片（12g）

Ⓐ
- 胡萝卜…1/3根（50g）
- 白萝卜…50g
- 莲藕…50g
- 牛蒡…1/3个（50g）

羊栖菜芽（干燥）…2g

日式高汤（参照P101）…500mL

盐…1/4茶匙

味噌酱…1汤匙

酱油…1茶匙

香油…2茶匙

做法

① 将一片生姜切丝，另一片研碎。胡萝卜、白萝卜、莲藕、牛蒡分别切丁，大小为5mm，放入碗中备用。将羊栖菜芽放入装有足量水的碗中，浸泡10分钟后洗净，沥干水分。

② 锅中倒入香油，用小火烹炒姜丝和处理好的A。炒的途中加入盐，炒8~10分钟左右直至蔬菜变软，加入日式高汤，调中火加热。

③ 沸腾前调成小火，再将研碎的生姜和羊栖菜芽放入锅中。将味噌酱放入锅中使其融化，倒入酱油调味即可。

将根菜切成适当大小后翻炒，可使美味加倍。2g 干燥的羊栖菜芽浸泡后能膨胀至 20g。

菜花芋头收汁汤

人均热量摄入量
93
kcal

食材（二三人份）

菜花…1/4个（100g）

芋头…5个（200g）

Ⓐ
- 日式高汤（参照P101）…200mL
- 酱油…1汤匙
- 清酒…1汤匙
- 甜料酒…1汤匙
- 蔗糖…2茶匙

日式高汤（参照P101）…400mL

味噌酱…2茶匙

做法

① 将菜花掰成小块、切成适口大小。芋头去皮，撒上少许盐（分量外）去除黏液，洗净后沥干水分，竖切成4等份。

② 将步骤①中的食材和A倒入锅中，用中火加热。沸腾前调成小火，盖上锅盖，加热12~15分钟左右。待锅中汤煮到1/4时，拿开锅盖，顺时针搅拌，直到汤汁煮干。

③ 倒入400mL日式高汤，用中火加热，沸腾前调成小火，加入味噌酱并将其融化即可。

料理笔记

芋头的黏液成分半乳聚糖，对提高机体免疫力有一定的作用。

玉米圆白菜黄油味噌汤

食材（二三人份）

玉米…1根

圆白菜…2片（100g）

鸡汤（参照P99）…400mL

味噌酱…1汤匙

黑胡椒碎…少许

黄油…15g

烤干的培根（参照P54）…适量

做法

① 将玉米粒削下。圆白菜切成适口大小。

② 向锅中倒入黄油，用中火炒圆白菜，炒至变软后，向锅中加入玉米粒、鸡汤，沸腾前调成小火。盖上锅盖，煮5分钟左右。

③ 加入味噌酱并使其融化。

④ 将做好的汤倒入容器中，撒上黑胡椒碎，加上作为装饰配菜的干培根即可。

凉拌玉米圆白菜风味沙拉

食材

玉米圆白菜黄油味噌汤中的食材…100g

蛋黄酱…1茶匙

辣椒粉…1茶匙

做法

① 将玉米圆白菜黄油味噌汤中的食材捞出，放入碗中，加入蛋黄酱，拌匀。

② 将拌匀后的成品盛入容器中，撒上辣椒粉即可。

玉米含有丰富的膳食纤维，具有清理肠道的功效。其中含有大量的碳水化合物，是有效补充能量的食物。加上烤干的培根后，味道会更加浓郁。

蔬菜满满！杂烩汤

人均热量摄入量 183 kcal

食材（二三人份）

鸡腿肉…100g
炸豆腐块…1/2块（约70g）
洋葱…1/2个（100g）
白萝卜…50g
胡萝卜…1/3根（50g）
牛蒡…1/3个（50g）
干香菇…2个
日式高汤（参照P101）…500mL
清酒…1汤匙
酱油…2茶匙
甜料酒…2茶匙
盐…1/4茶匙
香油…2茶匙

做法

① 鸡腿肉切成1cm见方的块。将炸豆腐块放入开水中泡30秒左右除涩，然后沥干水分，切成丁。

② 洋葱切末，白萝卜和胡萝卜分别用“十”字切法切成3mm厚的片，牛蒡切成薄片，泡在盛有水的碗中备用。将干香菇泡在100mL水中（分量外）静置一晚，洗净后，切成2mm厚的薄片。香菇水留着备用。

③ 向锅中倒入香油，将步骤②中除了香菇水以外的所有食材倒入锅中，用小火炒8~10分钟左右。待蔬菜变软后，加入鸡肉丁，炒至表面呈焦糖色后，倒入日式高汤，再加入香菇水、清酒一起煮开。若有浮沫将其捞出。

④ 加入炸豆腐丁，再放入酱油、甜料酒调味。煮5分钟左右后，加入盐调味即可。

干香菇中含有鸟苷酸，与日系高汤搭配，美味加倍。

柚子胡椒炸豆腐汤

人均热量摄入量
114
kcal

食材（二三人份）

绢豆腐…1块（300g）

葱白…20g

马铃薯淀粉…二三茶匙

色拉油…适量

Ⓐ 日式高汤（参照P101）…400mL
面条汤…2汤匙

柚子胡椒…1/4茶匙

水淀粉（淀粉：水=1：1）…适量

做法

① 用纸巾将绢豆腐包起来，放在碟子上静置30分钟除去水分后，切成4等份。将葱白竖着划开，去心，然后切成丝，放水里（分量外）浸泡一下后，沥干水分。

② 在绢豆腐表面撒上马铃薯淀粉。锅中倒入2cm深的色拉油，加热到170℃，将绢豆腐放入锅中炸，待豆腐表面炸好后，捞出放入盘中。

③ 把A倒入锅中，用中火加热，加入炸绢豆腐，加热2分钟左右。倒入水淀粉勾芡，倒入柚子胡椒使其溶解。把做好的汤倒入容器中，加入葱白丝即可。

只将绢豆腐的外皮炸透，取出的瞬间，其颜色和淡淡的香味都刚刚好。

人均热量摄入量

13

kcal

冰镇关东煮风味圣女果汤

食材（二三人份）

圣女果…10个

日式高汤（参照P101）…400mL

酱油…1茶匙

盐…少许

做法

① 圣女果去蒂，用牙签扎1个小孔，放入沸腾的水中浸泡5秒，再放入冰水中浸泡片刻，剥皮，沥干水分。

② 向锅中倒入日式高汤，沸腾前关火。加入酱油、盐调味，再加入小番茄，用余热加热。

③ 待余热退去后，将汤倒入碗中，盖上保鲜膜，放入冰箱中冷藏2小时左右即可。

日式高汤中含有的肌苷酸和番茄中含有的谷氨酸搭配在一起，会使美味加倍。

茼蒿猪肉酱汤

食材（二三人份）

猪五花肉…100g
茼蒿…1把（约50g）
白萝卜…50g
胡萝卜…1/3根（50g）
牛蒡…1½个（30g）
魔芋（已去涩）…1/4小个（80g）
日式高汤（参照P101）…600mL
清酒…1汤匙
味噌酱…2汤匙
七味辣椒粉…适量
香油…2茶匙

做法

① 猪五花肉切成4cm宽的片。茼蒿去茎，切成3cm长的段。白萝卜与胡萝卜切成厚约3mm的半圆形的片。牛蒡先切成6cm长的段，再竖切成6等份。用勺子将魔芋挖成适口大小。

② 锅中倒入香油，放入白萝卜片、胡萝卜片、牛蒡段、魔芋，用中火烹炒，待蔬菜变软后，加入日式高汤。沸腾前调成小火，加入清酒，将猪五花肉逐片放入锅中，煮10分钟左右。

③ 向锅中加入味噌酱调味，再放入步骤1中的茼蒿，用小火再煮2分钟左右。

④ 将做好的汤盛入容器中，撒上七味辣椒粉即可。

茼蒿富含胡萝卜素，具有预防感冒的效果，和猪肉一起食用能够提高营养吸收率。

油菜沙丁鱼柚子豆乳汤

人均热量摄入量 146 kcal

食材（二三人份）

油菜…1把（60g）
芜菁（小）…2个（80g）
沙丁鱼（干、油炸）…100g
柚子…适量
日式高汤（参照P101）…200mL
豆浆（无添加）…400mL
味噌酱…1汤匙
橄榄油…2茶匙

做法

① 油菜切成3cm长的段，用水把芜菁洗净，除去根部的土后，竖切成8等份。将柚子表面洗净后，把皮削下来并切成丝。

② 锅中倒入橄榄油，用中火炒步骤①中的芜菁，炒至表面呈现焦糖色。倒入日式高汤，加热5分钟左右。

③ 往锅中倒入豆浆，加热保持其不沸腾，待表面有热气冒出后，放入步骤①中的油菜、沙丁鱼，再加入味噌酱并将其溶解。

④ 将做好的汤盛入容器中，加上柚子皮丝即可。

芜菁表面烧至焦糖色，能够激发出其中的美味，使整道汤更香甜。

野泽菜芥末鳕鱼子汤

人均热量摄入量
185
kcal

食材（二三人份）

猪肉片…100g

腌野泽菜…50g

白萝卜…60g

鳕鱼子…1块（80g）

鸡汤（参照P99）…500mL

酱油…2茶匙

熟芥末…1/4茶匙

黄油…15g

做法

① 腌野泽菜切成3cm长的段。白萝卜切成1cm见方的丁。用烤架将鳕鱼子烤制两面呈焦糖色，内部为半熟状态。

② 锅中放入黄油，用中火炒猪肉片、腌野泽菜段、白萝卜。待猪肉片炒熟后，倒入鸡汤，在汤快要沸腾前调成小火加热5分钟左右。撇去浮沫。

③ 沿锅边转圈倒入酱油，放入熟芥末。将做好的汤盛入容器中，放上切成两半的鳕鱼子即可。

请将半熟状态下的鳕鱼子与汤一起食用。烹饪过的熟芥末味道会更好。

莲藕金平牛蒡风味香辣汤

食材（二三人份）

牛五花肉…100g

牛蒡…1/2个（75g）

莲藕…80g

生姜…2片（12g）

日式高汤（参照P101）…500mL

清酒…50mL

Ⓐ
- 味噌酱…1汤匙
- 酱油…2茶匙
- 白砂糖…1茶匙
- 苦椒酱…1茶匙

炒黑芝麻…适量

香油…2茶匙

做法

① 牛蒡切成6cm宽的段后，再竖切成6等份。莲藕切成不规则的大块。牛蒡和莲藕放在盛有水的碗中备用。生姜切末。将A中的调料混合均匀。

② 向锅中倒入香油，小火炒生姜末。待香味散出后，放入牛蒡、莲藕，用中火炒3分钟左右。待蔬菜变软后，将牛五花肉放入锅中炒。

③ 向锅中倒入清酒，用中火炒至汤汁蒸发干。倒入日式高汤，在快沸腾前调到小火，再煮10分钟。撇去浮沫。

④ 锅中放入A，拌匀后将汤盛入碗中，撒上炒黑芝麻即可。

香辣风味饺子

食材（1人份）

莲藕金平牛蒡风味香辣汤…300mL

水饺…4个

将汤倒入锅中加热，再加入水饺，用小火加热5分钟左右即可。

将牛蒡和莲藕切成大块可使汤更有口感。咀嚼食物可以刺激饱腹神经中枢，能够防止吃得过饱。

盐焗鸡肉丸裙带菜汤

人均热量摄入量
181
kcal

食材（二三人份）

鸡肉末…150g

Ⓐ
- 洋葱…1/4个（50g）
- 紫苏叶…2片
- 生姜…1片（6g）
- 盐焗鸡粉…2茶匙
- 蛋液…1/2个鸡蛋的量
- 马铃薯淀粉…一两汤匙

裙带菜（盐腌保存）…20g

鸡汤（参照P99）…500mL

清酒…2汤匙

盐焗鸡粉…1汤匙

炒白芝麻…2茶匙

做法

① 制作鸡肉丸子。将A中的洋葱和紫苏叶分别切成末，将生姜切碎。将鸡肉末、A全部放入碗中，搅拌后，团成7个丸子。

② 将裙带菜上的盐分仔细清洗掉，切成2cm宽的段。

③ 将鸡汤、清酒倒入锅中，调至中火加热，沸腾前调成小火，保持汤表面呈轻微沸腾状。

④ 将鸡肉丸放入锅中，煮七八分钟至鸡肉完全熟透，不时地撇去浮沫。

⑤ 放入1汤匙盐焗鸡粉、裙带菜、炒白芝麻，缓慢搅匀即可。

盐焗鸡粉中含有的酵素能够使鸡肉变得更美味，将其放入汤中，鸡肉丸会更加美味。

猪肉片清汤（酸橙风味）

食材（二三人份）

猪里脊肉…100g

白菜…叶子1片（约70g）

白萝卜…80g

舞茸…1/2颗（50g）

烤豆腐…1/2块（约150g）

鸡汤（参照P99）…600mL

清酒…2汤匙

酱油…2茶匙

甜料酒…2茶匙

盐…1/4茶匙

酸橙片…适量

做法

① 将白菜切成适口大小。白萝卜碾碎，将汁水吸干。将舞茸的根切掉，用手掰成适口大小。烤豆腐切成1½cm见方的方块。

② 将猪里脊肉逐片放入烧开的锅中快速地焯一下，放入冰水中冷却后，沥干水分。

③ 向锅中倒入鸡汤和清酒，调至中火加热，沸腾前调成小火。将步骤①中的白菜、舞茸、烤豆腐放入锅中煮四五分钟，加入酱油、甜料酒、盐调味。

④ 将步骤②中的猪里脊肉放去锅中短暂加热以后，将汤倒入容器中，最后放入步骤①中的萝卜泥、酸橙片即可。

按照个人喜好，可在盛入容器的汤中加入橙汁，汤会变得爽口美味，推荐尝试。

专栏2

繁忙生活中，慢享高汤

自家做的高汤口感温和、味道浓郁，凝聚了食材的美味。
只需片刻，汤会变得更加美味。

要点1

用汤的烹调法引出食材的最佳风味。

蔬菜汤和鸡汤用小火慢炖（注意保持微微煮沸的状态即可），能使蔬菜的香甜和肉的美味完美结合。日式高汤用小火慢炖，并且严格遵守炖煮的时间能使汤口感更纯正。

要点2

将多余的浮沫撇掉。

经长时间熬煮的高汤中会出现多余的油脂和浮沫，可将其倒入铺有纱布的漏勺中过滤一下。为做出美味的汤羹，使用细腻优质的高汤非常重要。

用颗粒型汤包、汤底料来烹饪会更加简便。

我想把“颗粒型汤包”以及“汤底料”推荐给那些忙到没有时间做汤的人，或是从未做过汤的初学者。在使用颗粒型汤包和汤底料时，尽可能地选择添加剂少的品种。此外，由于颗粒型汤包中添加了大量盐分，请放入少于说明上标注的用量来调整咸淡。

蔬菜汤　鸡汤　茅乃舍汤

推荐【茅乃舍】汤底料
【蔬菜汤（8g×5袋）】（蔬菜汤）
【鸡汤（8g×5袋）】（鸡汤）
【茅乃舍汤（8g×5袋）】（日式高汤）
<品牌：茅乃舍>

汤的保存方法

将汤放入带夹链的保鲜袋中，将空气排尽，保存时间更长。可防氧化、防霜冻。

鸡汤

可品尝到鸡肉的浓郁。
这是一个不分种类的万能高汤。
烹饪时间：40 分钟

食材（完成后体积为 1½L）

鸡腿肉…2块（500g）
鸡翅尖…8个
生姜…2片（12g）
大葱（葱叶）…2根
绍酒（或清酒）…100mL
水…3L

富含鸡肉精华的美味白色汤汁。熬煮过的鸡翅尖可用来做照烧鸡翅，鸡腿肉可用来做沙拉等。

<冷藏保存>
三四天
<冷冻保存>
一个月左右

做法

① 将鸡腿肉切成适口大小。用叉子将鸡翅尖表面戳8个左右的小孔。生姜切成薄片。葱叶切段。

② 将水、步骤①的食材全部放入锅中，用大火加热，在快沸腾前调成小火。盖上锅盖，煮40分钟左右，若有浮沫则将其撇去。倒入绍酒。

③ 在碗上放一个竹笼屉，再盖一层纱布，将汤缓慢倒入碗中过滤即可。

蔬菜汤

自家做的清汤。
蔬菜的皮也富含营养，一起来烹饪吧。
烹饪时间：40 分钟

食材（完成后体积为 1½L）

鸡腿肉…1块（250g）
洋葱…1个（200g）
胡萝卜…1根
芹菜…1把
圆白菜…1/2小颗（250g）
大蒜…2瓣（12g）
桂皮…1片
水…3L

带有鸡肉和蔬菜味道的、呈浅茶色的高汤。可用于制作浓汤汤羹。

做法

① 将鸡腿肉切成适口大小、清理掉洋葱皮上的污垢后，连皮剁成大块。胡萝卜带皮切成小块不规则形状。芹菜斜切成片，芹菜叶切大块。圆白菜切成小块。

② 向锅中放入水和大蒜，大火加热，沸腾前调成小火。在不沸腾的状态下煮40分钟左右。中途放入桂皮，不时地撇去浮沫。

③ 在碗上放一个竹笼屉，再盖一层纱布，将汤缓慢倒入碗中过滤即可。

<冷藏保存>
两三天
<冷冻保存>
两三周

日式高汤

肉类食品鲣鱼和植物类食品海带结合，美味加倍。
浸泡时间：30 分钟以上

食材（完成后体积为 1½L）

海带…20g

鲣鱼干…30g

水…1.8L

加热过度的话，汤会变苦。注意不要煮太长时间。

做法

① 向锅中放入水和海带，浸泡30分钟以上。调小火加热，待汤表面沸腾后，将海带捞出。

② 调大火，放入鲣鱼干，在汤快要沸腾前调成小火，若有浮沫则将其捞出，保持不沸腾的状态加热3分钟左右。

③ 在碗上放一个竹笼屉，再盖一层纱布，将汤缓慢倒入碗中过滤即可。

<冷藏保存>
两三天

<冷冻保存>
两三周

第三章

异域风味汤

这碗汤中你可以感受到满满的活力，
也可以充分享受到蔬菜所带来的让人
神清气爽。
香草和柑橘的搭配，能让你痛快地吃
到最后。
请尽情享用，享受越南河粉和泰国茉
莉香米融合的美味吧！

绿咖喱浓汤

食材（二三人份）

鸡翅根…4个

口蘑…1/2个（50g）

玉米笋…2根

圣女果…4个

椰奶…1罐（400mL）

豆浆…200mL

绿咖喱酱…$1\frac{1}{2}$汤匙

鱼露…2茶匙

三温糖…2茶匙

黑胡椒碎…少许

橄榄油…2茶匙

做法

① 将口蘑根切掉，掰成小块。玉米笋斜切成段，圣女果去蒂。

② 向锅中倒入橄榄油，放入鸡翅根，中火烧至表面呈焦糖色。加入椰奶和豆浆，在保持不沸腾的状态下小火加热5分钟左右。

③ 将步骤①中的食材倒入锅中，并将绿咖喱酱放入锅中搅拌均匀，加入鱼露、三温糖调味。

④ 将做好的汤倒入容器中，撒上黑胡椒碎即可。

绿咖喱奶汁烤菜

食材（1人份）

绿咖喱浓汤…100mL

法棍…6片

比萨用奶酪…适量

做法

① 将法棍切成适口大小，放入耐热盘子中摆好。将绿咖喱浓汤倒入盘子中，浸过法棍，再撒上比萨用奶酪。

② 放入微波炉中烤5分钟左右，直至奶酪融化即可。

这是一道散发着浓浓椰奶香、口感柔滑的大分量绿咖喱汤。由于豆浆在持续沸腾的情况下会出现分层现象，加热过度请先暂时关火，待温度降下来再进行下一步的操作。

椰奶鸡肉冬阴功汤

食材（二三人份）

鸡腿肉…约130g

白菜…2片（约100g）

生姜…2片（12g）

椰奶…400mL

牛奶…200mL

冬阴功酱…2汤匙

鱼露…2茶匙

柠檬汁…2茶匙

橄榄油…2茶匙

柠檬（1/8个）…适量

做法

① 将鸡腿肉切成适口大小，白菜切成3cm宽的段，生姜切成薄片。

② 锅中倒入橄榄油，将鸡腿肉有皮的一面朝下，用中火煎至两面呈焦糖色。将白菜和生姜放入锅中，烹炒1分钟左右，再放入椰奶、牛奶，调至小火炖煮。

③ 待鸡肉完全熟透后，加入冬阴功酱并搅拌至溶解。加入鱼露、柠檬汁调味，放上切好的柠檬即可。

冬阴功肉汁烩饭

食材（1人份）

椰奶鸡肉冬阴功汤…150mL

热米饭…50g

帕尔玛干酪粉…适量

黑胡椒碎…适量

香菜…适量

做法

① 香菜切成2cm长的段。将椰奶鸡肉冬阴功汤和热米饭倒入锅中，用小火加热至汤饭融合，撒上帕尔玛干酪粉。

② 将做好的食材盛入容器中，撒上香菜和黑胡椒碎即可。

没有尝过椰奶鸡肉冬阴功汤的各位，请想象一下泰式风味的椰奶汤。由于加了足量的生姜，其独特的辛辣可以使椰奶的甜度不会特别明显。

香菜圆子柑橘汤

人均热量摄入量 133 kcal

食材（二三人份）

Ⓐ
- 鸡肉末…150g
- 香菜…1根
- 清酒、香油…各1茶匙
- 酱油…2茶匙
- 盐、黑胡椒碎…各少许
- 马铃薯淀粉…2茶匙

酸橘…1个

生姜…2片（12g）

鸡汤（参照P99）…400mL

鱼露…1茶匙

黑胡椒碎…少许

做法

① 香菜切成末，酸橙切成薄片，生姜切碎末。

② 做香菜丸子。将A放入碗中，搅拌均匀后，捏成适口大小的丸子。

③ 向锅中放入姜末、鸡汤，用中火加热。沸腾前调至小火，放入香菜丸子，煮5分钟左右，沿锅边倒入鱼露调味。

④ 将做好的汤盛入容器中，加入酸橘片，撒上黑胡椒碎即可。

酸橘的酸味十分清爽，放入汤中也可使汤的口感变得清爽。

鸡肉香菜酸橙汤

人均热量摄入量 187 kcal

食材（二三人份）

鸡腿肉…1块（250g）

香菜…1根

日式高汤（参照P101）…600mL

绍酒…1汤匙

干柠檬叶…6片

盐、黑胡椒碎…各1/4茶匙

酸橙汁…1汤匙

酸橙（切成圆片）…4片

做法

① 用叉子在鸡腿肉表面扎几个小孔，撒上盐和黑胡椒碎，揉搓入味。香菜根切下，切成2cm宽的段。

② 鸡腿肉、香菜根、日式高汤、绍酒、干柠檬叶放入锅中，盖上锅盖用小火煮20分钟左右。放入酸橙汁，轻轻搅拌均匀。

③ 取出步骤②中的鸡腿肉，削切成片，盛入容器中。将汤倒入容器中，加上步骤1中的香菜段、酸橙片即可。

鸡肉在揉搓入味后放入冰箱冷藏 2 小时以上，味道会渗入肉中，整道汤也会变得更加美味。

柠檬草鸡翅尖汤

食材（二三人份）

鸡翅尖…6个

柠檬草…2根

白萝卜…100g

水…800mL

盐…1/2茶匙

黑胡椒碎…少许

做法

① 将1/2茶匙盐的1/4撒在鸡翅尖表面，揉搓后用水冲洗。将柠檬草外皮剥下，将茎切碎。将白萝卜切成如图所示的片。

② 将水、鸡翅尖、柠檬草放入锅中并盖上锅盖，用小火煮40分钟左右。加入剩下的盐以及黑胡椒碎调味即可。

柠檬草鸡翅尖饭

食材（1 人份）

柠檬草鸡翅尖汤（用鸡翅尖）…4根

热米饭…150g

小葱…适量

黑胡椒碎…少许

做法

① 将鸡翅尖肉与骨头分离。将小葱切碎。

② 将步骤①中的鸡翅尖和饭放入碗中混合，再放入容器中，撒上葱花和黑胡椒碎即可。

这道汤所用原料简单，可从汤中品尝到食材的美味。加入鱼露，会使汤的口感更好。

柚子胡椒绿咖喱浓汤

食材（二三人份）

鸡腿肉…130g

西葫芦…1/2个

黄椒…1/2个

秋葵…2根

水…200mL

椰奶…400mL

咖喱粉…1汤匙

柚子胡椒…1/2汤匙

鱼露…1汤匙

蔗糖…2茶匙

罗勒叶…适量

椰子油（也可用橄榄油代替）…2茶匙

做法

① 鸡腿肉切成适口大小，西葫芦切1cm厚的片。黄椒切成5mm厚的片。秋葵表面撒匀少许盐（分量外），再放到砧板上使劲揉搓去除绒毛，然后用水洗净并斜切成片。

② 向锅中倒入椰子油，再将鸡肉有皮一面朝下，用中火煎至两面呈焦糖色后放入西葫芦、黄椒，再翻炒。倒入水，小火加热四五分钟后，倒入椰奶。

③ 待汤表面起泡、沸腾后，加入咖喱粉、柚子胡椒并使其溶解。放入秋葵煮30秒左右至完全熟透，再加鱼露、蔗糖调味。将做好的汤放入容器中，撒上罗勒叶即可。

酥脆鸡肉绿咖喱酱汁

食材（1人份）

柚子胡椒绿咖喱浓汤…4汤匙

鸡腿肉…1块（250g）

Ⓐ 蜂蜜…2茶匙

Ⓐ 盐…1/4茶匙

低筋面粉…2茶匙

黄油…10g

做法

① 用叉子在鸡腿肉表面扎几个小孔，将A倒在鸡肉上揉匀后，放入保鲜袋中，密封后放进冰箱腌制20分钟以上。将汤和低筋面粉倒入碗中搅拌均匀（用作调味酱底料）。

② 做调味酱。将黄油倒入平底锅中，待黄油化开后放入步骤①中的调味酱底料。调小火，用锅铲在锅底慢慢搅拌。

③ 将鸡肉从保鲜袋中取出，再放入预热至200℃的微波炉中烤20分钟左右，烤好后放入盘中，撒上调味酱即可。

柚子胡椒爽口的辛辣味与平时所用的绿咖喱酱有所不同。可根据个人喜好调整用量。

红薯翅根红咖喱浓汤

食材（二三人份）

鸡翅根…6个
红薯…1个（200g）
水…200mL
椰奶…1罐（400mL）
红咖喱酱…1汤匙
鱼露…2茶匙
盐、黑胡椒碎…各少许
马铃薯淀粉…适量
香油…2茶匙

做法

① 用叉子在鸡翅根表面扎几个小孔，撒上盐和黑胡椒碎并仔细揉搓，撒一层薄薄的马铃薯淀粉。红薯连皮切成1cm厚的片。

② 锅中倒入香油，将鸡翅根放入锅中，表面朝下，用中火煎至表面呈焦糖色。将红薯、水倒入锅中，盖上锅盖，小火煮八九分钟。若有浮沫则浮沫撇去。

③ 向锅中倒入椰奶，调小火加热，再放入红咖喱酱并溶解。用鱼露调味即可。

鸡翅根表面裹上一层马铃薯淀粉，烧出汁，可作汤勾芡使用。

卤肉饭风味炖汤

人均热量摄入量
375
kcal

食材（二三人份）

猪五花肉…200g

香菇…4个

莲藕…60g

洋葱…1/2个（100g）

芹菜…1/2根（50g）

Ⓐ
- 水…400mL
- 酱油…2汤匙
- 绍酒、白砂糖…各1汤匙
- 八角…2个

鸡汤（参照P99）…500mL

蚝油…2茶匙

黑胡椒碎…1/4茶匙

香油…2茶匙

做法

① 猪五花肉切成小块。香菇去柄，竖切成4等份。莲藕切块。洋葱、芹菜切末。

② 锅中倒入香油，用中火翻炒莲藕块、洋葱、芹菜。待洋葱变软后放入猪肉，烧至猪肉表面呈焦糖色。

③ 将A倒入锅中，用小火煮40~50分钟。不时地打开锅盖，撇去浮沫。

④ 猪肉煮软后，放入鸡汤、蚝油调味后，继续加热。将做好的汤盛入容器中，撒上黑胡椒碎即可。

长时间熬汤时推荐使用搪瓷锅。如果加入 1 茶匙五香粉，味道会更鲜美。

苦瓜包肉汤

人均热量摄入量 178 kcal

食材（二三人份）

苦瓜…1根（200g）
猪肉末…150g
干柠檬叶…6片
Ⓐ 酱油…2茶匙
清酒…2茶匙
盐、黑胡椒碎…各少许
鸡汤（参照P99）…500mL
鱼露…2茶匙
柠檬汁…2茶匙
香油…2茶匙

做法

① 将苦瓜切成1cm厚的圆片，用勺子将子和心挖去。用手指蘸低筋面粉薄薄地涂在苦瓜内侧，将柠檬叶撕碎。

② 将猪肉末、柠檬叶、A放入碗中，搅拌至有黏液出现后，塞进步骤①中的苦瓜中。

③ 向锅中倒入香油，把苦瓜包肉放入锅中，中火烧至两面呈焦糖色。

④ 向锅中倒入鸡汤，沸腾前调小火，再煮四五分钟。最后加入鱼露、柠檬汁调味即可。

苦瓜中的苦味成分苦瓜蛋白具有促进胃液分泌、增进食欲的效果。虽然味苦，也请大家务必品尝一下。

猪肉水芹山药汤

人均热量摄入量
164
kcal

食材（二三人份）

猪肉末…100g
水芹…1把（80g）
山药…80g
生姜…1片（6g）
干虾米…1汤匙
鸡汤（参照P99）…500mL
清酒…1汤匙
鱼露…2茶匙
香油…2茶匙

做法

① 将水芹切成2cm长的段。山药研碎成泥。生姜切末。将干虾米泡在50mL水中，半天后捞出，沥干水分，切碎。泡虾水留着备用。

② 锅中倒入香油，再放入生姜末、干虾米，调小火烹炒。待生姜香味散出后，放入猪肉末，用锅铲炒至猪肉松散。

③ 向锅中放入泡虾水、鸡汤、清酒，用小火煮。若有浮沫将其捞出。

④ 向锅中放入水芹，加热1分钟左右。用鱼露调味，将汤盛入容器中，放上步骤①中的山药泥即可。

水芹生食口感佳。此处推荐在汤中焯一下，做成拌水芹。

罗勒叶鸡肉风味温泉蛋汤

食材（2人份）

鸡肉末…100g

洋葱…1/4个（50g）

红椒…1/4个

圆白菜…2片

大蒜…1瓣（约6g）

红辣椒…1根

干柠檬叶…4枚

Ⓐ
- 鱼露…2茶匙
- 蚝油…2茶匙
- 白砂糖…2茶匙

鸡汤（参照P99）…500mL

橄榄油…2茶匙

温泉蛋（参照P056）…2个

罗勒叶…适量

做法

① 洋葱切成末，红椒切成1cm见方的丁。圆白菜切成适口大小，大蒜切末。将红辣椒去子，切成圆片。将干柠檬叶撕碎。

② 锅中倒入橄榄油，再放入蒜末、红辣椒，用小火翻炒。待蒜香散出后，放入洋葱用中火翻炒。炒至洋葱变软，放入鸡肉末、柠檬叶，用锅铲炒至鸡肉末松散。

③ 倒入红椒、A，炒约1分钟后，放入圆白菜、鸡汤，煮至圆白菜变软。

④ 将做好的汤盛入容器中，加上温泉蛋和罗勒叶即可。

可增减调味料，做成一道鸡肉风味饭。灯笼辣椒中含有胡萝卜素，用油炒过后可提高吸收率。

人均热量摄入量
64
kcal

萨尔萨风味西班牙冷汤

食材（二三人份）

番茄…2个（200g）
红椒…1/2个
芹菜…1/3根（30g）
黄瓜…1/2根（50g）
番茄汁（无糖）…200mL
Ⓐ 苹果醋…1汤匙
Ⓐ 盐…1/3茶匙
橄榄油…2茶匙
辣椒酱…1/2茶匙

做法

① 将番茄、红椒、芹菜、黄瓜分别切成小块。大蒜切末。

② 用搅拌器或手持搅拌机将步骤①中的食材和番茄汁搅拌均匀。

③ 将A放入搅拌器中，搅拌20秒左右，倒入碗中，覆上保鲜膜，放入冰箱冷藏2小时以上。

④ 从冰箱取出搅拌后的食材，倒入容器中，沿边倒入橄榄油、辣椒酱即可。

番茄中含有的番茄红素具有抑制黑色素生成、美白的功效。

泰式香草风莴苣圣女果汤

人均热量摄入量

23

kcal

食材（二三人份）

莴苣叶…4片（80g）

圣女果…6个

鸡汤（参照P99）…400mL

干柠檬叶…4片

鱼露…1茶匙

柠檬汁…2茶匙

黑胡椒碎…少许

柠檬片…适量

做法

① 将莴苣叶撕成适口大小。用牙签在圣女果上扎一个小孔，放入热水中焯一下，再放入冰水中冷却后，将皮剥掉。

② 锅中倒入鸡汤、干柠檬叶，开中火加热，沸腾前调成小火。将步骤1中食材倒入锅中，加入鱼露、柠檬汁调味，再煮1分钟左右。

③ 将做好的汤倒入容器中，撒上黑胡椒碎，放上柠檬片即可。

莴苣叶口感爽脆，煮到全熟时口感最佳。

人均热量摄入量
247
kcal

小茴香土豆咖喱浓汤

食材（二三人份）

土豆…2个（200g）

维也纳香肠…3根

洋葱…1/4个（50g）

蔬菜汤（参照P100）…500mL

小茴香子…1茶匙

咖喱粉…2茶匙

三味香辛料…1茶匙

盐…少许

黑胡椒碎…少许

橄榄油…1汤匙

做法

① 土豆去皮，切成圆片，使用之前泡在盛有水的碗中备用。维也纳香肠表面划几个口。洋葱切成1cm厚的半圆形片。

② 锅中倒入橄榄油，放入小茴香子，用小火炒。当有香味散出后，放入土豆片和洋葱片，调至中火轻轻翻炒。

③ 倒入鸡汤，盖上锅盖，煮7分钟左右。加入咖喱粉、三味香辛料，拌匀调味后，再加入步骤①中的维也纳香肠，加热3分钟左右。

④ 撒上盐和黑胡椒碎调味即可。

料理笔记 用小火翻炒小茴香子可以激发出香味。但要注意火候，避免炒煳。

墨西哥辣味牛肉末酱汤

食材（二三人份）

猪、牛肉混合肉馅…80g

洋葱…1/4个（50g）

大蒜…1瓣（6g）

小茴香子…2茶匙

Ⓐ
- 白饭豆（水煮）…50g
- 番茄罐头（切块、去子）…1/2罐（200g）
- 蔬菜汤（参照P100）…400mL
- 番茄沙司…2汤匙
- 味噌酱…2茶匙

红葡萄酒…2汤匙

辣椒粉…1汤匙

盐…少许

橄榄油…2茶匙

做法

① 将洋葱、大蒜分别切末。

② 锅中倒入橄榄油，再放入步骤1中的大蒜、小茴香，用小火翻炒。待小茴香子香味散出后，再放入洋葱末，调中火翻炒。

③ 待洋葱变软后，放入猪、牛肉混合肉馅，用锅铲炒至肉松散。再加热半分钟左右让肉完全熟透且颜色变白后，向锅中加入A、红葡萄酒，用小火煮10分钟左右。

④ 向锅中加入辣椒粉、少许盐调味即可。

*可冷冻保存二三周

辣椒粉是墨西哥菜中经典的调味料，混合了辣椒粉、牛至叶、小茴香子、大蒜等调料。

茴香叶蛤蜊鱼露汤

食材（二三人份）

蛤蜊…200g
茴香叶…适量
圣女果…6个
生姜…2片（12g）
红辣椒…1/2根
清酒…2汤匙
鸡汤（参照P99）…500mL
鱼露…2茶匙
黑胡椒碎…少许
香油…2茶匙

做法

① 将蛤蜊泥沙处理干净后，摆在盘中，再往盘中倒入盐水（在500mL水中加入15g盐）直至盖过蛤蜊。用报纸等盖上，静置3小时后，连壳一起搓洗。

② 圣女果去蒂。生姜切薄片。红辣椒子去，切圆片。

③ 锅中倒入香油，放入姜片、红辣椒圈，调小火翻炒至生姜香味散出后，调中火。再放入蛤蜊、清酒，盖上锅盖。待蛤蜊口张开后，倒入鸡汤，沸腾前调成小火，放入圣女果。

④ 向锅中加入鱼露和黑胡椒碎调味，最后将做好的汤盛入容器中，加上茴香叶即可。

海鲜风味越南米粉

食材（1人份）

茴香叶蛤蜊鱼露汤…400mL
米粉…1把（80g）
半圆形柠檬片…适量

做法

① 将米粉煮至九成熟后用水冲洗，沥干水分。

② 把汤倒入锅中加热，沸腾前调成小火。将米粉倒入锅中，加热1分钟左右。

③ 将面和汤倒入容器中，再加上切好的柠檬片即可。

茴香叶是制作西餐时经常被用到的一道食材。其实，在越南等亚洲国家制作料理时也经常使用茴香叶。制作鱼贝类汤时，加入少许，可使汤的口感更柔滑。

墨鱼马赛鱼汤风味红咖喱浓汤

食材（二三人份）

墨鱼…1只
蛤蜊…100g
鳕鱼（切片）…1片
洋葱…100g
芹菜…50g
大蒜…1瓣（约6g）
蔬菜汤（参照P100）…300mL
白葡萄酒…100mL
番茄罐头（切块、去子）…1罐（400mL）
桂皮…1片
盐…1/3茶匙
红咖喱酱…2汤匙
橄榄油…2茶匙

做法

① 墨鱼处理干净后，用菜刀将墨鱼爪上的吸盘刮净，切成适口大小。将墨鱼身切成1cm大小的圆圈。

② 将蛤蜊的泥沙处理干净后摆放在方盘中，注入盐水（在500mL水中加入5g盐）直至没过蛤蜊。将报纸之类的东西盖在蛤蜊上，放置3小时，带壳一起揉搓洗净。

③ 在鳕鱼上撒上盐，放置10分钟后，用厨房用纸将水分擦干，切成3cm大小的块。洋葱、芹菜、大蒜分别切成碎末。

④ 锅中倒入橄榄油，放入蒜末，用小火烹炒。炒出蒜香后，加入洋葱末和芹菜末，直至洋葱变软。加入蛤蜊、白葡萄酒，大火烹炒至蛤仔壳打开后，放入番茄罐头、桂皮、盐，盖上锅盖用小火煮5分钟左右。

⑤ 加入蔬菜汤、墨鱼圈、鳕鱼块。沸腾后改小火煮10分钟左右，若有浮沫将其捞出。10分钟后，加入红咖喱酱调开即可。

三种鱼贝类与汤融合。若加入意大利面，即可做成一道辛辣的意大利风味料理。

蚬贝香菜汤

人均热量摄入量
57
kcal

食材（二三人份）

蚬贝…200g
香菜…1根
小葱…2根
鱼露…2茶匙

Ⓐ
日式高汤（参照P101）…500mL
鸡汤原料（颗粒）…2茶匙
干青柠叶…8片

做法

① 将蚬贝的泥沙处理干净后，摆放在方盘中注入盐水（500mL水加15g盐）直至没过蚬贝。将报纸之类的东西盖在蚬贝上，放置3小时，用清水（带壳一起揉搓）清洗干净。

② 将香菜切成2cm的段。小葱切碎。

③ 将蚬贝放入锅中，加入A，调至中火，沸腾前调成小火。待蚬贝壳张开后，加入鱼露调味。把汤盛入容器中，撒上香菜段、葱花即可。

蚬贝含有丰富的鸟氨酸，经常食用能够促进肝脏代谢活动、预防宿醉、缓解疲劳。

樱虾黄麻民族风味汤

食材（二三人份）

樱虾…2汤匙

鸡肉末…100g

黄麻叶…适量

大蒜…1片（6g）

生姜…2片（12g）

鸡汤（参照P99）…500mL

鱼露…2茶匙

绍酒（清酒也可）…1汤匙

香油…2茶匙

做法

① 将黄麻叶用足量的开水泡30秒左右，将水分沥干，切成碎末。大蒜和生姜分别切末。

② 锅中倒入香油，小火翻炒蒜末和姜末。待蒜香散出后，放入鸡肉，用锅铲等炒至鸡肉松散，最后用鱼露调味。

③ 向锅中加入黄麻末、鸡汤、绍酒，煮5分钟左右，若有浮沫则将其撇去。最后撒上樱虾即可。

黄麻中的黏液成分即黏蛋白，具有保护肠胃等器官、改善肝功能的作用。

泰国酸辣酱汤

人均热量摄入量
95
kcal

食材（二三人份）

虾（带头）…4个

玉米笋…2根

秋葵…4根

鸡汤（参照P99）…500mL

冬阴功酱…1汤匙

味噌酱…1茶匙

做法

① 用盐水（分量外）将虾洗净，用竹扦将虾线剔除。将玉米笋斜切成片。将少许盐撒在秋葵表面，搓去绒毛后用水清洗干净，斜切成片。

② 将鸡汤倒入锅中，用中火加热，沸腾前调至小火。将虾、玉米笋片放入锅中，煮七八分钟，不时地撇去浮沫。

③ 向锅中放入秋葵、冬阴功酱、味噌酱，搅拌均匀即可。

虾头味道鲜美，放入汤中一起煮可以提鲜。

01

椰奶

从椰子中榨取出的香甜醇厚的椰奶。用在炖煮类料理中时，会赋予菜品奶油一样的美味，经常用在点心配菜当中。

02

鱼露

经常用于泰国料理的烹饪中，常用于汤的调味和炒菜。可根据个人喜好调整使用量。

03

绿咖喱酱

口感清爽并有辣味（混合青辣椒、柠檬草、柠檬叶等的味道）。与椰奶搭配口感上乘。

04

甜辣酱

在泰国菜和越南菜中经常使用，同时带有甜味、酸味、辣味。可作为蘸料使用，也经常作为调味料。

05

红咖喱酱

辣度比绿咖喱酱稍淡，口感较浓郁。可用于浓汤类，当然也可用于制作蔬菜汤，或是给炖菜调味。

06

冬阴功酱

酸、辣，同时又带有香草的风味。只需将其放入汤中，就能做出正宗的泰式风味料理。

专栏3

在家中就能享受的各国风味调味料

在这里介绍一下制作世界各地的风味料理时必不可少的调味料。在家也能轻松做出带有异域风情的料理。

07

干柠檬叶

带有酸橙香味。将其放入汤中，香味会渗透入整碗汤中，汤的味道也会变得十分清爽。

08

小茴香子

在印度菜中经常使用的一种香料。其强烈的香味在汤中会非常容易被品尝到，还可用于消除肉的气味。

09

柠檬草

是一种类似柠檬香味的香草。可将其柔软的根部切成碎末放入汤中，也可用于炖煮菜中。

10

八角

即八角茴香，是一种与肉类菜肴搭配极佳的、具有独特风味的香料。它也是五香粉的原料，常用于中国菜的烹饪中。

11

三味香辛料

一种以肉桂、豆蔻、小茴香为基础的混合香辛料。作为一种调味品常用于炖煮过程中或最后来调味。

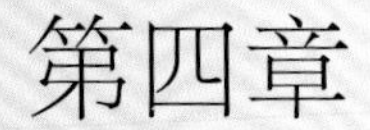

第四章

中式、韩式风味汤

这类汤香味浓郁、口感丰富。

大量使用具有香味的蔬菜，能使我们冰冷的身体立刻暖和起来。

将汤锅摆在饭桌上，与拉面和米饭一起食用吧！

韩国风味牛肉汤

食材（二三人份）

牛里脊肉…120g

韩国泡菜…100g

白萝卜…100g

干香菇…2个

豆芽…100g

大蒜…2瓣（约12g）

鸡汤（参照P99）…400mL

Ⓐ
- 苦椒酱…1汤匙
- 味噌酱…1汤匙
- 白芝麻碎…2茶匙
- 酱油…2茶匙

蛋液…1个鸡蛋的量

炒白芝麻…适量

香油…2茶匙

做法

① 将牛里脊肉切成5mm厚的片，韩国泡菜切2cm宽的段。白萝卜切成丁，干香菇用200mL水泡一晚后，切薄片。香菇水留着备用，大蒜切成碎末。

② 锅中倒入香油，小火翻炒蒜末。炒出香气后，放入牛肉、泡菜、萝卜，中火炒至牛肉两面呈焦糖色。

③ 向锅中倒入鸡汤，再倒入香菇水，沸腾前调成小火。将A组食材倒入锅中，再加入干香菇煮七八分钟。

④ 将豆芽菜放入锅中，沸腾前，将蛋液倒入锅中，撒上炒白芝麻即可。

韩国风味牛肉汤泡饭

食材（1人份）

韩国风味牛肉汤…200mL

热米饭…50g

红辣椒粉…适量

做法

① 将汤和米饭一起倒入锅中，小火加热。

② 将做好的汤泡饭盛入容器中，撒上红辣椒粉即可。

泡干香菇的水很美味，可将其作为煲汤的原料。制作的要点是撒上足量的炒芝麻。

牛肉末裙带菜汤

人均热量摄入量
146
kcal

食材（二三人份）

牛肉末…100g

腌裙带菜…20g

红辣椒…1根

葱叶…20g

Ⓐ
- 日式高汤（参照P101）…500mL
- 清酒…1汤匙
- 酱油…2茶匙
- 生姜…1片（约6g）
- 大蒜…1瓣（约6g）

炒白芝麻…2茶匙

盐、黑胡椒碎…各少许

香油…2茶匙

做法

① 将红辣椒去子，切成圆片。大葱切成1mm宽的圆片。将A中的生姜、大蒜分别研碎。

② 将腌裙带菜盐分洗净。切成2cm宽的段。

③ 锅中倒入香油，将牛肉、裙带菜段放入锅中，调中火将牛肉末炒至松散。

④ 向锅中倒入红辣椒，将A倒入锅中煮5分钟左右，不时地撇去浮沫。

⑤ 倒入葱片和炒白芝麻倒入锅中，撒上盐和黑胡椒碎调味即可。

韩国料理中常用牛肉来做汤，在这道汤中用牛肉末可以充分地激发出汤的美味。

纯豆腐汤

人均热量摄入量
349
kcal

食材（二三人份）

蛤蜊…100g

猪五花肉…80g

韩国泡菜…100g

千页豆腐（或绢豆腐）…100g

莲藕…100g

大蒜…1瓣（6g）

鸡汤（参照P99）…600mL

清酒…2汤匙

Ⓐ 苦椒酱…1汤匙

Ⓐ 酱油…2茶匙

Ⓐ 蔗糖…1茶匙

鸡蛋黄…2~3个

香油…1汤匙

做法

① 将蛤蜊中的泥沙处理干净后，放入盘中，向盘中倒入盐水至没过蛤蜊（在500mL水加入15g盐）。用报纸盖上，静置3小时左右，最后用水连壳一起搓洗干净。

② 猪五花肉切成4cm宽的大片。莲藕切小丁，大蒜切末。向锅中倒入1/2汤匙香油，用小火翻炒蒜末，待蒜香散出后，放入蛤蜊，调中火翻炒，倒入清酒，盖上锅盖焖烧。

③ 蛤蜊壳张开后，倒入剩下的香油，放入猪五花肉、莲藕丁、泡菜，烧2分钟左右。向锅中倒入鸡汤，沸腾前调成小火，煮3分钟后加入A组食材并将其融化。若有浮沫则将其撇除。

④ 将千页豆腐用勺子舀入锅中。将锅中食物全部盛入容器中，倒入鸡蛋黄即可。

料理笔记

猪肉中含有维生素 B_1，疲劳时食用具有缓解疲劳的效果。

根菜鸡肉韩国紫菜汤

人均热量摄入量
138
kcal

食材（二三人份）

鸡肉末…100g

Ⓐ
- 白萝卜…50g
- 洋葱…1/4个（50g）
- 牛蒡…1/3个（50g）
- 生姜…1片（6g）

鸡汤（参照P99）…500mL

清酒…2汤匙

韩国海苔…6片

盐…1/3茶匙

香油…2茶匙

做法

① 分别将白萝卜、洋葱切成5mm大小的块。牛蒡斜切成薄片，焯一遍后将水分沥干。生姜切成末。

② 锅中倒入香油、A，用中火炒至蔬菜变软后，加入鸡肉末翻炒。

③ 向锅中倒入鸡汤、清酒煮开，盖上锅上再煮5分钟，不时地撇去浮沫。

④ 将韩国海苔撕成适口大小放入锅中，最后撒盐调味即可。

将根菜烧到熟透，才会品尝到食材原本的清香，所以要炒至根菜变软为止。

茄子黑芝麻汤

人均热量摄入量

191

kcal

食材（二三人份）

鸡肉末…100g

茄子…1根

韭菜…1/2束（50g）

豆芽…1/2把（100g）

大蒜…1瓣（6g）

生姜…1片（6g）

鸡汤（参照P99）…400mL

Ⓐ
- 酱油…2茶匙
- 蚝油…1茶匙
- 黑芝麻碎…2汤匙
- 熟黑芝麻…2茶匙
- 豆瓣酱…2茶匙

香油…2茶匙

做法

① 将茄子切成滚刀块，放在水中泡5分钟后取出，沥干水分。韭菜切成2cm长的段，大蒜和生姜分别切成碎末。

② 向锅中倒入香油，调小火翻炒蒜末和姜末，待香味散出后，放入茄子、鸡肉末，调中火翻炒。翻炒片刻后，加入鸡汤再煮5分钟左右。不时地撇去浮沫。

③ 将韭菜、豆芽倒入锅中，待蔬菜变软后，将A放入锅中溶解调味即可。

豆芽美味，口感上乘。不宜加热过度，否则会出现芝麻皮脱落的情况。

猪肉什锦纳豆汤

人均热量摄入量
277
kcal

食材（二三人份）

猪里脊肉…100g
杏鲍菇…1个（50g）
豆芽…100g
小葱…适量
大蒜…1瓣（约6g）
生姜…1片（6g）
纳豆…2包（100g）
鸡汤（参照P99）…600mL
味噌酱…1汤匙
苦椒酱、酱油…各2茶匙
香油…2茶匙

做法

① 将猪里脊肉切4cm见方的大片。杏鲍菇切薄片。小葱切小圆片。大蒜和生姜分别切碎末。纳豆拍碎。

② 锅中倒入香油，用小火翻炒蒜末和姜末，待味香散出后倒入鸡汤，沸腾前调至小火。加入杏鲍菇并逐片放入猪里脊肉，加热至猪肉熟透。不时地撇去浮沫。

③ 加入豆芽和纳豆碎，煮1分钟后再加入味噌酱和苦椒酱充分拌匀，最后加酱油调味即可。

④ 将做好的汤盛入容器中，撒上葱花即可。

将纳豆拍碎后加入汤的味道会更加鲜美，强烈推荐。

香菇莲藕包肉汤

人均热量摄入量
161
kcal

食材（二三人份）

猪肉末…100g

莲藕…30g

香菇…8个

生姜…2片（12g）

Ⓐ
- 蛋液…1/2个鸡蛋的量
- 清酒…1汤匙
- 酱油…2茶匙
- 豆瓣酱…1/2茶匙
- 盐…1/4茶匙
- 马铃薯粉…2茶匙

鸡汤（参照P99）…400mL

马铃薯粉…适量

香油…2茶匙

做法

① 制作香菇包肉。将莲藕切成碎末，猪肉末和A一起放入碗中，搅拌均匀后备用。香菇去蒂，表面划出深深的“十”字印，再在表面撒一层薄薄的马铃薯粉备用。

② 生姜切成细丝。

③ 平底锅中倒入香油，把步骤①中备好的食材放入锅中，煎至两面呈焦糖色后拿出。

④ 倒入鸡汤、生姜丝、煎香菇肉包，小火加热5分钟即可。

将香菇夹肉的一面煎至呈焦糖色可使肉变得更香，汤的口感也会得到提升。

翅尖参鸡汤

食材（二三人份）

鸡翅尖…8个

Ⓐ
- 生姜…2片（12g）
- 大蒜…2片（12g）
- 大葱…40g
- 干贝…2个
- 米…2汤匙
- 绍酒（清酒也可）…2汤匙

盐…1/2茶匙

黑胡椒碎…少许

香油…1茶匙

做法

① 用叉子在鸡翅尖表面扎几个小孔。将锅中倒入足量的水（分量外），放入鸡翅尖，调中火。沸腾前调小火，若有浮沫将其撇去。将鸡翅煮至断生后，捞出放在竹笼屉上，用水轻轻冲洗。

② 将生姜切成薄片。大蒜用刀背压碎。大葱切成碎末。将干贝泡在1升水中静置一晚后，用手掰开。

③ 将鸡翅尖和泡干贝的水放入锅中，加入A，盖上锅盖用小火煮40分钟左右。关火，闷15分钟后打开锅盖，撒上盐和黑胡椒碎调味。若有浮沫则将其捞出。

④ 将做好的汤盛入容器中，淋上香油即可。

*可冷冻保存二三周

参鸡汤风味杂烩粥

食材（1人份）

翅尖参鸡汤…200mL

热米饭…50g

黑胡椒碎…适量

枸杞子…2粒

做法

① 将枸杞子用水泡一遍，沥水备用。将鸡翅尖从汤中取出，取肉。

② 将鸡肉、汤、米饭放入锅中，小火加热3~5分钟后，盛入容器中，撒上黑胡椒碎和枸杞子即可。

在这道汤中，由于干贝的加入使得汤的味道更加鲜美。预先处理鸡翅尖能使汤充分入味。

黑醋酸辣四菌汤

食材（二三人份）

猪里脊肉…100g

木耳（干燥）…3g

香菇…2个

舞茸…1/2个（50g）

金针菇…50g

竹笋（水煮）…50g

鸡汤（参照P99）…600mL

清酒…1汤匙

Ⓐ 黑醋…2汤匙

酱油…2茶匙

豆瓣酱…1茶匙

水淀粉（淀粉：水=1：1）…适量

盐、黑胡椒碎…各1/4茶匙

辣油…1茶匙

香油…2茶匙

做法

① 猪里脊肉切成4cm见方的块。木耳用水（分量外）泡20分钟后用清水清洗，沥干水分，切去柄，择成片。竹笋切成长条状。

② 锅中倒入鸡汤，沸腾前调成小火。将猪里脊肉逐片放入锅中，再倒入清酒。撇去浮沫。猪里脊肉煮熟后，将木耳、香菇、舞茸、金针菇、竹笋放入锅中，煮5分钟左右。加入A调味。

③ 沿锅边缓慢倒入水淀粉，再撒上盐和黑胡椒碎调味。浇上辣油和香油即可。

酸辣鸡蛋杂烩粥

食材（1 人份）

黑醋酸辣四菌汤…300mL

热米饭…50g

蛋液…1个鸡蛋的量

黑醋…1茶匙

做法

① 将汤和米饭倒入锅中，用小火加热至汤饭混合均匀。

② 将蛋液倒入锅中后，盛入容器中，浇上黑醋。

有嚼劲的菌菇类会越嚼越好吃。香菇中含有鸟苷酸，加热后会使汤美味加倍。

麻婆肉豆腐辛辣汤

食材（二三人份）

猪肉末…100g

绢豆腐…1/2块（约150g）

大葱…20g

大蒜…1瓣（6g）

生姜…2片（12g）

鸡汤（参照P99）…400mL

豆瓣酱…2茶匙

绍酒（或清酒）…1汤匙

Ⓐ 味噌酱…1汤匙
酱油…2茶匙
蔗糖…1茶匙

水淀粉（淀粉：水=1：1）…适量

香油…2茶匙

花椒碎…适量

做法

① 大葱、大蒜、生姜分别切碎。

② 锅中倒入香油，放入步骤①中的食材，调小火翻炒。待香味散出后，加入豆瓣酱，炒至所有食材混合均匀。

③ 把猪肉末放入锅中，用中火将猪肉末煮熟。倒入鸡汤和绍酒，撇去浮沫。

④ 用勺子舀出绢豆腐放入锅中，加入A调味。沿锅边倒入水淀粉。撒上花椒碎即可。

麻婆豆腐盖浇饭团

食材（1 人份）

麻婆肉豆腐辛辣汤…100mL

热米饭…100g

酱油…2茶匙

香油…3茶匙

做法

① 制作烤饭团。先将热米饭捏成三角形，向平底锅中倒入香油，小火把饭团煎至金黄，再用刷子在饭团两面刷上酱油。重复两次。

② 将做好的烤饭团盛入容器中，浇上热汤即可。

将豆瓣酱和香油一起烹炒能使料理美味升级。猪肉炒至熟透后香气四溢，也会使汤更加美味。

川味粉丝汤

食材（二三人份）

猪肉末…100g

胡萝卜…1/3根（约50g）

韭菜…50g

干粉丝…20g

鸡汤（参照P99）…500mL

白芝麻碎…2汤匙

椰子油…1汤匙

味噌酱…2茶匙

豆瓣酱…2茶匙

酱油…2茶匙

花椒碎…适量

色拉油…2茶匙

做法

① 胡萝卜切成细丝，韭菜切成3cm长的段。

② 锅中倒入色拉油，调至中火翻炒胡萝卜丝，待其变软后加入猪肉末、豆瓣酱，翻炒至猪肉末完全炒熟。

③ 倒入鸡汤和干粉丝，沸腾前调成小火煮3分钟左右。不时地撇去浮沫。

④ 将A倒入锅中炒匀，再放入韭菜段。加热1分钟左右后倒入酱油调味。将做好的汤盛入容器中，撒上花椒碎即可。

料理笔记 椰子油和味噌酱是绝配，使用椰子油能使汤味更加香浓。

肉末药膳汤

人均热量摄入量
146
kcal

食材（二三人份）

猪肉末…100g

香菜…1根

凤莲草…1根（约50g）

豆芽…100g

鸡汤（参照P99）…600mL

八角…1个

蚝油…2茶匙

咖喱粉…1茶匙

黑胡椒碎…适量

香油…2茶匙

做法

① 香菜切成2cm长的段，凤莲草切成3cm长的段。

② 向锅中倒入香油、猪肉末，用中火炒至猪肉末熟透，倒入鸡汤和八角。沸腾前调小火，撇去浮沫。

③ 放入凤莲草段、豆芽，加入咖喱粉、蚝油调味。

④ 待蔬菜变软后，将汤盛入容器中，加入香菜段、撒上黑胡椒碎即可。

香菜所含的膳食纤维能促进胃肠蠕动。含有的芳香性挥发物质具有开胃醒脾的作用。

人均热量摄入量 162 kcal

盐焗鸡肉番茄酸辣汤

食材（二三人份）

鸡胸肉…250g
番茄…1个
小松菜…60g
鸡汤（参照P99）…500mL
盐焗粉…1汤匙
清酒…1汤匙
Ⓐ 醋…2汤匙
　 酱油…2茶匙
　 豆瓣酱…1/2茶匙
水淀粉（马铃薯：水=1：1）…适量
蛋液…1个鸡蛋的量
黑胡椒碎…少许
香菜段…适量

做法

① 鸡胸肉去皮，切成适口大小，均匀涂抹盐焗粉后，放入保鲜袋中密封，在冰箱中腌制2小时以上。将番茄竖切成8等份，小松菜切成4cm长的段。

② 鸡汤倒入锅中，用中火加热，沸腾前调成小火，加入腌鸡肉块、清酒，煮五六分钟左右，撇去浮沫。

③ 放入番茄块、小松菜，用小火加热1分钟左右。放入A，慢慢淋入水淀粉勾芡。

④ 倒入蛋液，撒上黑胡椒碎调味。将做好的汤盛入容器中，加上香菜段即可。

用盐焗粉将鸡肉腌制一天会更加美味。番茄久煮易散，放入锅中要注意。

水蒸鸡豆苗咸味葱花汤

食材（二三人份）

鸡腿肉…250g

豆苗…70g

大葱…30g

阳荷…1个

生姜…2片（约12g）

水…600mL

绍酒（或清酒也可）…2汤匙

Ⓐ 盐…1/2茶匙
白砂糖…1/2茶匙

Ⓑ 香油…2茶匙
盐…1/4～1/2茶匙
黑胡椒碎…1/2茶匙

做法

① 用叉子在鸡腿肉表面扎几个小孔，将A撒在鸡腿肉上揉匀。豆苗切去根，切成3cm长的段。大葱、阳荷分别切末后放入碗中与B混合。生姜切丝。

② 锅中倒入腌鸡腿肉、姜丝、水、绍酒，调小火加热，沸腾前关火。撇去浮沫，盖上锅盖闷片刻直至冷却。

③ 捞出鸡腿肉，切成厚片后再放入锅中。将葱末、阳荷末与豆苗、B混合后放入锅中调味，加热2分钟即可。

在汤快要沸腾前关火，利用余热将食材闷熟，此时鸡肉的口感也会非常滑嫩。

香菜虾仁馄饨汤

食材（二三人份）

虾仁…80g

鸡肉末…50g

香菜…1根

Ⓐ
- 生姜…1片（6g）
- 清酒…2茶匙
- 盐…1/4茶匙
- 香油…1茶匙
- 马铃薯淀粉…2茶匙

鸡汤（参照P99）…600mL

豌豆粒…50g

馄饨皮…约15片

黑胡椒碎…少许

做法

① 将虾仁剁成泥。香菜切成碎末，A中的生姜研碎。

② 制作香菜虾仁馄饨。将虾仁泥和香菜末、鸡肉末、A搅拌均匀，放在馄饨皮正中央。用手指蘸水点在馄饨皮边缘，将馄饨捏成三角形。

③ 将鸡汤倒入锅中，沸腾前调成小火。将馄饨、豌豆粒放入锅中，加热三四分钟后撒上黑胡椒碎即可。

虾仁馄饨拉面

食材（1人份）

香菜虾仁馄饨汤…400mL

面条…适量

柚子胡椒粉…1/2茶匙

做法

① 将面条煮好后沥干水分。

② 把面条和热汤倒入容器中，按喜好添加柚子胡椒粉搅拌均匀即可。

这是一道混合香菜香味和虾仁口感的美味馄饨汤。搅拌力度过大馄饨皮可能会碎，搅拌时要注意力度。

黄瓜鸡胸肉花椒汤

人均热量摄入量
94
kcal

食材（二三人份）

鸡胸肉…200g

黄瓜…1/2根

干笋…20g

Ⓐ 盐…1/4茶匙
　 白砂糖…1/4茶匙

水…400mL

清酒…2汤匙

酱油…2茶匙

盐…1/4茶匙

黑胡椒碎…少许

花椒粉…适量

做法

① 用叉子在鸡胸肉表面扎几个小孔，撒上A，揉搓、使之入味。黄瓜切成丝，干笋泡软后切成5cm左右的条。

② 将腌鸡胸肉、水、清酒倒入锅中，用小火加热。煮沸后再加热3分钟后关火。盖上锅盖待余热散去后，取出鸡胸肉，用手撕成适口大小。

③ 将煮鸡胸肉的汤表面的浮沫撇去，加入黄瓜、干笋，改小火加热。加入酱油、盐、黑胡椒碎调味，撒上花椒粉即可。

将黄瓜切成稍粗的条能够提升这道菜的口感。推荐撒上足量花椒粉。

中式风味鸡胗榨菜汤

食材（二三人份）

鸡胗…100g

榨菜…20g

蒜苗…70g

鸡汤（参照P99）…600mL

Ⓐ
- 料酒…1汤匙
- 酱油…2茶匙
- 甜料酒…2茶匙

绍酒（或清酒）…1汤匙

酱油…2茶匙

盐、黑胡椒碎…各1/4茶匙

香油…2茶匙

做法

① 将鸡胗去皮，斜切成2mm厚的片。榨菜切小丁，蒜苗斜切成3cm长的段。

② 向锅中倒入香油，放入鸡胗片、榨菜丁、蒜苗段，用中火翻炒。炒至鸡胗表面变色后放入A，翻炒均匀。

③ 倒入鸡汤，沸腾前调成小火，加入绍酒、酱油调味。撇去浮沫后将其捞出，撒上盐和黑胡椒碎调味即可。

鸡胗低脂肪、低热量且有嚼劲，非常适合在减肥期间食用。

海鲜蔬菜浇汁菜汤

食材（二三人份）

混合海鲜（冷冻）…100g

青梗菜…1把

白菜叶…1片（约70g）

生姜…1片（约6g）

油炸豆腐…1/2块（约80g）

鹌鹑蛋（水煮）…6个

鸡汤（参照P99）…600mL

清酒…1汤匙

Ⓐ
- 蚝油…2茶匙
- 酱油…2茶匙
- 盐、黑胡椒碎…各少许

水淀粉（淀粉：水=1：1）…适量

香油…2茶匙

做法

① 让混合海鲜自然解冻。去掉青梗菜根，切成适口大小。白菜叶切成适口大小。生姜研碎。油炸豆腐切成1cm见方的块状。

② 向锅中倒入香油、放入姜末，小火翻炒。待姜末香味散出后，放入青梗菜丁、白菜丁、油炸豆腐丁，中火炒1分钟左右，炒至蔬菜变软后倒入鸡汤。

③ 沸腾前调成小火。加入已解冻的混合海鲜、鹌鹑蛋、清酒，加热3分钟左右，撇去浮沫。

④ 放入A，将水淀粉缓慢倒入锅中勾芡。

混合速冻海鲜简单易做，是非常好的食材。也可按照喜好添加其他的鱼类、贝类。

蟹肉蛋花汤

人均热量摄入量
129
kcal

食材（2人份）

蟹肉罐头…60g

蛋液…1个鸡蛋的量

鸡汤（参照P99）…400mL

盐…少许

黑胡椒碎…少许

香油…2茶匙

水淀粉（淀粉：水=1：1）…适量

做法

① 锅中倒入鸡汤，调中火加热。加热过程中倒入蟹肉罐头汤汁，待汤表面有气泡浮动后倒入蛋液。蛋花浮起后，缓慢倒入水淀粉。

② 向锅中加入盐、黑胡椒碎、香油调味即可。

制作出松软蛋花的窍门是在倒入蛋液30秒后，当蛋花浮起后，轻轻搅拌。

风味豆乳汤

人均热量摄入量 165 kcal

食材（二三人份）

豆浆…500mL

绢豆腐…80g

Ⓐ
- 香菇…2个
- 榨菜…20g
- 干虾…10g
- 小鱼干…20g

小葱…适量

腰果…2茶匙

黑醋…1汤匙

盐…少许

辣椒油…1茶匙

做法

① A中的香菇去柄，切成薄片。榨菜切成丁。干虾洗净后在温水里泡30分钟，沥干水分并切成碎末。腰果切成粗碎末，葱切成末。

② 向锅中倒入豆浆和A，小火加热，注意不要使汤沸腾。用勺子将绢豆腐舀成适口大小，放入锅中。

③ 向锅中加入黑醋和盐来调味。将做好的汤盛入容器中，放上葱末、腰果碎，淋上辣椒油即可。

浸泡干虾的水中带有虾的鲜味，可用于其他菜品的制作中。

鳕鱼明太子朝鲜火锅黄油汤

人均热量摄入量 141 kcal

食材（二三人份）

鳕鱼…1块（约90g）
明太子…1/2块（约40g）
大葱…40g
绢豆腐…1/2块

Ⓐ
清酒…2汤匙
盐…少许
黑胡椒碎…少许

鸡汤（参照P99）…600mL
苦椒酱…2茶匙
味噌酱…2茶匙
黄油…10g

做法

① 鳕鱼切成4等份，撒上A腌制10分钟左右。葱斜切成段。绢豆腐切成1cm见方的块状，用餐巾纸将水分吸干。

② 向锅中倒入鸡汤并加热，沸腾前调成小火。放入鳕鱼块、葱段、绢豆腐，煮5分钟左右。撇去浮沫。

③ 向锅中倒入苦椒酱、味噌酱调味。将做好的汤盛入容器中，加上明太子和黄油即可。

鳕鱼肉易碎，在烹制的时候要注意不要将肉煮碎。

青花鱼土豆咖喱汤

食材（二三人份）

青花鱼罐头（味噌酱•水煮）…1罐（180g）
土豆…1个（100g）
洋葱…1/2个（100g）
水…600mL

Ⓐ
- 味噌酱…1汤匙
- 苦椒酱…1汤匙
- 酱油…2汤匙
- 蔗糖…1茶匙
- 大蒜…1片（6g）
- 白芝麻碎…2汤匙

清酒…2汤匙
香油…2汤匙
红辣椒粉…适量

做法

1. 土豆去皮，切成适口大小，泡在水中备用。洋葱切成片。将A中的蒜捣成泥。
2. 向锅中倒入香油，放入洋葱片，中火炒至洋葱变软。放入水、土豆块、清水，加热至沸腾后调成小火，倒入青花鱼罐头，倒入A、清酒，煮5～7分钟至食材熟透。
3. 用竹扦将土豆穿起来，关火。将做好的汤盛入容器中，撒上红辣椒粉即可。

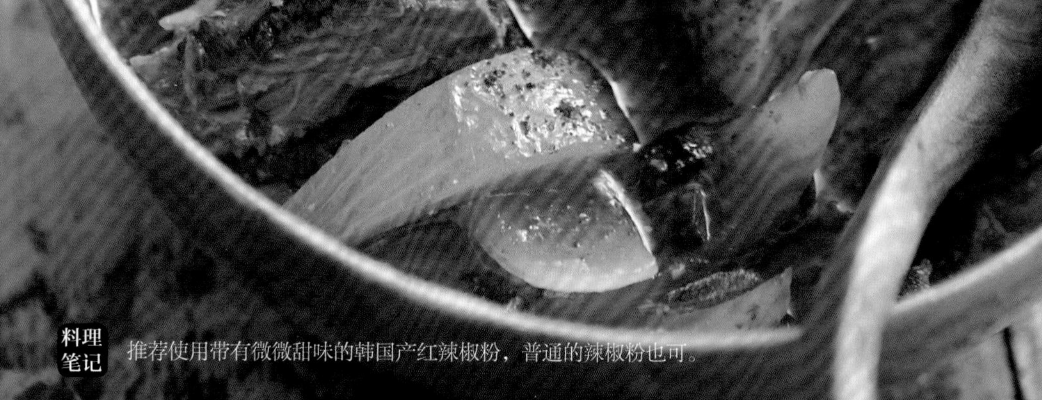

料理笔记 推荐使用带有微微甜味的韩国产红辣椒粉，普通的辣椒粉也可。

樱虾海带丝芝麻碎朝鲜火锅汤

食材（二三人份）

樱虾干…20g

海带丝…5g

秋葵…4根

生姜…2片

鸡汤（参照P99）…600mL

Ⓐ
- 味噌酱…1汤匙
- 苦椒酱…1汤匙
- 芝麻碎…2汤匙

香油…2茶匙

做法

① 秋葵表面撒少许盐、搓去表面茸毛后洗净，斜切成片。生姜切成丝。

② 向锅中倒入香油、放入姜丝，调小火翻炒。待生姜香味散出后，倒入鸡汤加热，沸腾前调小火，倒入A。

③ 倒入秋葵片、樱虾干，调中火加热1分钟左右。将做好的汤盛入容器中，放上海带丝即可。

樱虾钙质丰富，常食具有强健骨骼的功效，还可防止情绪焦躁。

茼蒿菌菇番茄朝鲜火锅汤

人均热量摄入量
137
kcal

食材（二三人份）

茼蒿…1把（约50g）
番茄…1个（约100g）
香菇…4个
口蘑…1/2个（约50g）
豆腐…1/2块（约150g）
日式高汤（参照P101）…400mL
番茄罐头（切块、去子）…1/2罐（200g）
苦椒酱…1汤匙
味噌酱、酱油…各2茶匙
白芝麻碎…适量
香油…2茶匙

做法

① 茼蒿切成3cm长的段。番茄切成1cm见方的丁。香菇去柄，切成2mm厚的薄片。口蘑去柄，掰成小块。豆腐沥去水分后切成1cm见方的丁。

② 向锅中倒入香油，倒入番茄丁，用中火翻炒1分钟左右。倒入日式高汤和番茄罐头加热。汤将要沸腾前调成小火，放入香菇片、口蘑块、豆腐丁。煮5分钟后放入苦椒酱和味噌酱拌匀，倒入酱油调味。

③ 将茼蒿段放入锅中加热1分钟左右。将做好的汤盛入容器中，撒上芝麻碎即可。

不要将茼蒿煮太长时间，在食用前稍微加热一下能够保留其翠绿的色泽。

西班牙辣味香肠白菜部队火锅风味汤

食材（二三人份）

辣味香肠…4根

大葱…40g

白菜叶…1片（约70g）

韭菜…1/2把（50g）

鸡汤（参照P99）…500mL

苦椒酱…1汤匙

豆瓣酱…1/2茶匙

Ⓐ 味噌酱…2茶匙

大蒜…1片（约6g）

生姜…1片（约6g）

戈尔贡佐拉奶酪片…1片

香油…2茶匙

做法

① 将辣味香肠、大葱分别斜切成片。白菜叶切成4cm宽的片，韭菜切成3cm长的段。A中的大蒜、生姜分别捣碎。

② 锅中倒入香油、辣味香肠片、白菜片，调小火翻炒。待白菜变软后加入苦椒酱和豆瓣酱，炒30秒左右至混合均匀，倒入鸡汤，调中火加热。在汤快要沸腾前调成小火，加入葱片、韭菜段、戈尔贡佐拉奶酪片，加入A调味。

部队火锅风味拉面

食材（一两人份）

西班牙辣味香肠白菜部队火锅风味汤…适量

方便面…1袋

戈尔贡佐拉奶酪…12片

做法

西班牙辣味香肠白菜部队火锅风味汤完成后，加入方便面，用中火加热3分钟左右，放上戈尔贡佐拉奶酪即可。

如果喜欢吃带有辣味的部队火锅风味拉面，可以在制作时加入豆瓣酱。奶酪和食材混合在一起食用，汤会更加美味。

第五章

浓汤与水果汤

在这一章的汤品中，你可以品尝到蔬菜的爽口与水果的甘甜。
凉羹热汤，口味富于变化。
更有多种可冷冻保存的汤品，着实诱人。

日式菌菇浓汤

食材（二三人份）

蘑菇…6个
香菇…6个
口蘑…100g
洋葱…1/4个（约50g）
鸡汤（参照P99）…200mL
牛奶…400mL
白芝麻（熟）…1汤匙
味噌酱…2茶匙
黄油…20g
黄油奶酪面包糖（参照P55）…适量

做法

① 蘑菇、香菇去柄后切成薄片。口蘑去柄后掰成小块。洋葱切成碎末。

② 向锅中倒入黄油，用中火翻炒步骤1中的食材，倒入鸡汤。盖上锅盖小火煮10分钟左右。

③ 待锅中食材变凉之后，将食材倒入榨汁器或手持搅拌机中，加入牛奶。搅拌均匀后再倒回锅中，开小火加热，并撒上白芝麻和味噌酱调味。

④ 将做好的汤盛入容器中，撒上黄油奶酪面包糖即可。

*可冷冻保存三四周

日式菌菇意面

食材（1人份）

日式菌菇浓汤…200mL
蝴蝶面（干面）…30g
口蘑…1/2个

做法

① 将蝴蝶面煮至九成熟后，放到竹笼屉上沥干水分。将口蘑切成薄片。

② 将蝴蝶面和日式菌菇浓汤放入锅中，小火加热并搅拌均匀。将做好的汤盛入容器中，放上口蘑即可。

菌菇中富含鸟苷酸，能使汤的口感变得香浓。味噌酱搭配熟芝麻使用能使汤味更加醇厚。

香菜根浓汤

人均热量摄入量

293

kcal

食材（二三人份）

香菜（根）…10棵

土豆…2个（200g）

牛奶…300mL

日式高汤（参照P101）…200mL

盐…少许

味噌酱…2茶匙

生奶油…100mL

黑胡椒碎…少许

香菜（叶•装饰用）…适量

橄榄油…2茶匙

做法

① 香菜根切成碎末。土豆去皮，切成1cm见方的块状，泡在盛有水的碗中备用。

② 向锅中倒入橄榄油，放入步骤①中的食材，将马铃薯表面煎至轻微焦糖色。倒入日式高汤、盐，盖上锅盖，调小火煮10分钟左右至土豆软烂。

③ 向锅中倒入牛奶，加热之后加入味噌酱拌匀，待余热消除后加入生奶油，用榨汁机或手持搅拌机搅拌至奶油柔滑。

④ 撒上黑胡椒碎调味，最后将浓汤盛入容器中，放上香菜叶即可。

*可冷冻保存三四周

香菜根含有很多芳香成分，做成浓汤后香味更浓。

毛豆芋头冷汤

人均热量摄入量
210
kcal

食材（二三人份）

毛豆…100g
芋头…2个
洋葱…1/4个（50g）
鸡汤（参照P99）…200mL
牛奶…300mL
盐…1/4茶匙
生奶油…2茶匙
黄油…20g

做法

① 用足量的开水将毛豆烫三四分钟后，捞出去荚。芋头去皮，撒上少量盐去除黏液，洗净、沥干水分。洋葱切丁。

② 黄油放入锅中，化开后，放入洋葱丁，中火炒至变软后放入芋头、鸡汤，盖上锅盖，把芋头捣碎至软烂，关火。

③ 待余热消除后，放入毛豆、牛奶，用榨汁机或电动搅拌器等搅拌至柔滑。

④ 撒上盐调味，将食材全部倒入碗中，封上保鲜膜，放入冰箱静置2小时左右。

⑤ 从冰箱中拿出后将浓汤盛入容器中，放入生奶油即可。

*可冷冻保存三四周。

毛豆可用冷冻毛豆代替，去薄皮后可使浓汤口感翻倍。

菜花奶酪浓汤

食材（二三人份）

菜花…1/2棵（200g）
洋葱…1/4个（50g）
芹菜…1/2根（50g）
鸡汤（参照P99）…200mL
盐…少许
戈根索拉奶酪…50g
豆浆…400mL
盐焗粉…1汤匙
黑胡椒碎…适量
黄油…20g

做法

① 菜花切成适口大小。洋葱切成薄片。芹菜去筋，斜切成段。

② 黄油放入锅中，调中火翻炒洋葱片和芹菜段，炒至变软为止。放入菜花、鸡汤、盐，盖上锅盖，调小火加热10分钟左右。

③ 将戈根索拉奶酪放入锅中并使其融化，关火等待余热散尽后倒入豆浆，用榨汁机或手持搅拌机等搅拌柔滑，然后再倒入锅中，调小火加热并撒上盐焗粉和黑胡椒碎调味即可。

菜花奶酪烩饭

食材（1人份）

菜花奶酪浓汤…300mL
热米饭…50g
酱油…1茶匙
意大利干酪粉…2茶匙
黑胡椒碎…少量

做法

① 将菜花奶酪浓汤倒入锅中，调小火加热，待汤表面有气泡冒出时加入米饭，加热2分钟左右。

② 倒入酱油调味，将做好的烩饭盛入容器中，撒上意大利干酪和黑胡椒碎即可。

如果使用的戈根索拉奶酪过咸的话可加豆浆、过淡可加盐来调整味道。菜花中含有的维生素C可耐高温，适用于汤羹等需要加热的料理。

30
15

番茄虾仁奶油浓汤

食材（二三人份）

虾…6个

洋葱…1/2个（100g）

芹菜…1/2个（50g）

大蒜…1瓣（6g）

白葡萄酒…2汤匙

番茄罐头（切块、去子）…1/2罐（200g）

水…200mL

生奶油…100mL

黄油…10g

盐…1/4茶匙

橄榄油…1汤匙

做法

① 虾去头、去壳，将虾仁切成1cm长的段。虾头、虾壳备用。洋葱、芹菜、大蒜分别切成碎末。

② 锅中倒入橄榄油，小火炒蒜末，蒜香散出后放入洋葱末和芹菜末，调中火翻炒。待蔬菜变软后，放入虾头、虾壳、虾仁，炒至表面金黄。

③ 倒入白葡萄酒，调大火，待酒精蒸发后放入番茄罐头，盖上锅盖，煮10分钟后关火。

④ 倒入榨汁机或手持搅拌机中，搅拌均匀后，移至铺有蒸笼布的竹笼屉上，用锅铲按压过滤。然后再倒入锅中，加入生奶油和水，调小火加热，最后撒上黄油和盐调味。

*可冷冻保存三四周

番茄虾仁奶油通心粉

食材（1人份）

番茄虾仁奶油浓汤…100mL

通心粉…50g

大蒜…1瓣（约6g）

意大利干酪粉…1茶匙

干香菜碎…适量

橄榄油…2茶匙

做法

① 将通心粉煮至九成熟，放到竹笼屉上沥干水分。取3汤匙煮通心粉的汤备用。大蒜切成碎末。

② 橄榄油倒入平底锅中，调小火翻炒蒜末，待蒜香散出后，放入通心粉和煮通心粉的汤，调中火炒至汤汁稍微黏稠。

③ 将番茄虾仁浓汤倒入锅中与通心粉混匀，盛入容器中，撒上意大利干酪和干香菜碎即可。

由于虾头、虾壳中有美味的鲜汁，所以请不要扔掉，可以和汤一起烹饪。冷冻保存后还可用作调味料使用。可冷冻保存三四周。

凤莲草土豆浓汤

人均热量摄入量
226
kcal

食材（二三人份）

凤莲草…3根

土豆…2个（200g）

鸡汤（参照P99）…200mL

豆浆…400mL

盐…1/3茶匙

黑胡椒碎…少许

黄油…30g

烤培根…适量

做法

① 凤莲草切成3cm长的段。土豆去皮，切成1cm见方的丁，泡在水中备用。

② 将黄油放入锅中，化开后调中火翻炒凤莲草段和土豆丁。待土豆炒至金黄色后撒上盐和黑胡椒碎。

③ 向锅中倒入鸡汤，盖上锅盖调小火煮10分钟左右，关火，使余热散去。倒入豆浆，移至榨汁机或手持搅拌机中搅拌至柔滑，倒入锅中，开小火加热。

④ 将做好的浓汤倒入容器中，将烤培根放在正中央即可。

*可冷冻保存三四周

凤莲草有浓的苦涩味，提前用油烹炒可使其苦涩味变淡。

红薯玉米浓汤

人均热量摄入量
280
kcal

食材（二三人份）

红薯…1个
玉米…1根
蔬菜汤（参照P100）…200mL
盐…少许
牛奶…400mL
白胡椒粉…少许
干芹菜碎…适量
黄油…20g

做法

① 红薯去皮，切成2cm见方的丁，泡在水中备用。将玉米粒削下。

② 将黄油放入锅中，化开后放入红薯丁，用中火翻炒1分钟左右。将玉米粒、蔬菜汤放入锅中，撒上盐，盖上锅盖，调小火煮15分钟左右后关火，使余热散去。

③ 倒入牛奶，移至榨汁机或手持搅拌机中搅拌至柔滑，放到铺有蒸笼布的竹笼屉上过滤之后，再移至锅中。

④ 调小火加热，撒上白胡椒粉。倒入容器中，撒上干芹菜碎即可。

*可冷冻保存三四周

将玉米粒放入汤中一起煮，汤的味道会更加甘甜醇厚。

鹰嘴豆栗子浓汤

人均热量摄入量 318 kcal

食材（二三人份）

糖炒栗子仁…100g
水煮鹰嘴豆…50g
洋葱…1/4个（约50g）
牛奶…300mL
生奶油…100mL
水…100mL
盐…1/4茶匙
白砂糖…少许
黄油…10g

做法

① 糖炒栗子仁切成薄片，洋葱切成碎末。

② 把黄油放入锅中化开，再放入洋葱末，调中火翻炒。炒至变软后，放入糖炒栗子片、水煮鹰嘴豆、水，调小火煮8分钟左右，关火，使余热散去。

③ 倒入牛奶、生奶油，移至榨汁机或手持搅拌机中搅拌至柔滑，再倒入锅中。

④ 调小火加热，同时放入盐和白砂糖调味，最后盛入容器中即可。

*可冷冻保存三四周

料理笔记 鹰嘴豆具有润肠的功效。

南瓜奶油奶酪浓汤

人均热量摄入量
245
kcal

食材（二三人份）

南瓜…300g
洋葱…1/2个（100g）
奶油奶酪…20g
蔬菜汤（参照P100）…200mL
牛奶…400mL
盐…1/4茶匙
黄油…10g

做法

① 南瓜去子、去瓤，削皮后用保鲜膜包好，放在微波炉中，调至600W挡加热3分钟左右，切成适口大小。洋葱切成碎末，奶油奶酪在常温环境下放置片刻。

② 把黄油放入锅中，放入南瓜、洋葱末，调中火翻炒。炒至洋葱变软后加入蔬菜汤，盖上锅盖。将南瓜捣碎，煮至软烂后关火，使余热散去。

③ 加入牛奶、奶油奶酪，移至榨汁机或用手持搅拌机中搅拌柔滑，再倒入锅中。小火加热的同时撒上盐来调味。倒入容器中，放入柠檬皮即可。

*可冷冻保存三四周

料理笔记 南瓜中含有的维生素 E 能够促进血液循环，具有驱寒暖身的功效。

人均热量摄入量 75 kcal

猕猴桃葡萄汁

食材（二三人份）

麝香葡萄…8粒

猕猴桃…1个

酸橙（1/8块）…适量

Ⓐ
- 水…400mL
- 蜂蜜…1汤匙
- 酸橙汁…2茶匙

做法

① 将麝香葡萄横向切成两半，猕猴桃切成1cm见方的丁。

② 将A倒入碗中混合均匀，倒入葡萄和猕猴桃丁。

③ 将汤盛入容器中，加上酸橙。

料理笔记 新鲜成熟的猕猴桃含有丰富的碳水化合物、维生素和微量元素。经常食用猕猴桃可以增强人们的抵抗力。

草莓酸奶羹

人均热量摄入量 79 kcal

食材（二三人份）

草莓…10个

酸奶…3汤匙

蜂蜜…2茶匙

牛奶…200mL

葡萄酒醋…2茶匙

做法

① 草莓去蒂。取二三个草莓竖切成两半后做装饰用。

② 将剩余的草莓、酸奶、蜂蜜、牛奶放入榨汁机中搅拌均匀。

③ 将做好的草莓酸奶羹倒入碗中，再倒入葡萄酒醋，最后放上装饰用的草莓即可。

罗勒叶蜜桃冷羹

人均热量摄入量 79 kcal

食材（二三人份）

桃子…2个（300g）

生奶油…2汤匙

牛奶…150mL

奶油奶酪…40g

罗勒叶…4片

做法

① 桃子去皮，切成适口大小。

② 将桃子块、生奶油、牛奶、奶油奶酪放入榨汁机或用手持搅拌机中搅拌均匀。

③ 盛入容器中，加上罗勒叶即可。

料理笔记 草莓富含维生素 C，经常食用具有抑制黑色素生成、阻止色斑形成的美肤效果。
提到蜜桃冷羹自然就会想到蜜桃卡普瑞沙拉，所以请加上罗勒叶一起食用。

无花果羹

人均热量摄入量 89 kcal

食材（二三人份）

无花果…4个（约320g）

Ⓐ 牛奶…100mL
　 酸奶（无糖）…3汤匙

红胡椒…少许

做法

① 无花果去皮。

② 将无花果、A一起放入榨汁机或用手持搅拌机中搅拌均匀，倒入碗中，覆上保鲜膜在冰箱中冷藏1小时。

③ 将无花果羹盛入容器中，撒上红胡椒即可。

无花果含有丰富的营养成分，能够健胃，清肠。

西瓜番茄羹

食材（二三人份）

无子西瓜…1/4个（300g）

番茄…2个（200g）

大蒜…1/2瓣（3g）

香草冰淇淋…100g

橄榄油…适量

做法

① 无子西瓜和番茄切成适口大小。大蒜切成末。

② 将步骤①中的西瓜以及番茄、大蒜、香草冰淇淋放入榨汁机或用手持搅拌机中搅拌均匀。

③ 将搅拌好的西瓜番茄羹倒入容器中，淋上橄榄油即可。

人均热量摄入量 129 kcal

料理笔记 西瓜中含有大量钾，可预防水肿。

菠萝香菜羹

食材（二三人份）

菠萝…1/2个（300g）

香菜…适量

椰奶…1/2罐（200mL）

酸奶（无糖）…200g

酸橙汁…1汤匙

做法

① 菠萝去皮，切成适口大小。留1/3左右的菠萝果肉作装饰用。

② 将菠萝果肉、椰奶、酸奶、酸橙汁放入榨汁机或用手持搅拌机中搅拌均匀。

③ 将搅拌好的菠萝羹盛入容器中，放上装饰用的菠萝果肉，撒上香菜即可。

料理笔记 菠萝中含有的菠萝蛋白酶可助消化，具有保持肠胃健康有活力的功效。

食材索引
index

肉类

鱼贝类

加工肉

蔬菜

菌菇类

水果

蛋奶制品

干货、谷物、海苔等

大豆、大豆制品、发酵食品

罐头、加工食品、冷冻食品等

糊状类食品、市售品等

图书在版编目（CIP）数据

150道低卡营养蔬菜汤 /（日）枝顺著；韩馨宇，何恒婷译. —北京：中国轻工业出版社，2019.6

ISBN 978-7-5184-2448-1

Ⅰ. ①1… Ⅱ. ①枝… ②韩… ③何… Ⅲ. ①汤菜－菜谱 Ⅳ. ① TS972.122

中国版本图书馆CIP数据核字（2019）第071387号

责任编辑：卢　晶　　责任终审：劳国强　　整体设计：锋尚设计

责任校对：晋　洁　　责任监印：张京华

出版发行：中国轻工业出版社（北京东长安街6号，邮编：100740）

印　　刷：北京博海升彩色印刷有限公司

经　　销：各地新华书店

版　　次：2019年6月第1版第1次印刷

开　　本：720×1000　1/16　印张：12

字　　数：250千字

书　　号：ISBN 978-7-5184-2448-1　定价：49.80元

邮购电话：010-65241695

发行电话：010-85119835　传真：85113293

网　　址：http://www.chlip.com.cn

Email：club@chlip.com.cn

如发现图书残缺请与我社邮购联系调换

180698S1X101ZYW